国家林业和草原局普通高等教育“十三五”规划教材

高等院校园林与风景园林专业系列教材

Performance of Landscape Architecture

风景园林设计表现技法

（附数字资源）

刘志成　高 晖◎编著

中国林业出版社
CFPH China Forestry Publishing House

内 容 简 介

《风景园林设计表现技法》是以手绘表现为内容的专业基础教材，以满足风景园林专业、园林专业的教学需要。同时，对建筑学、城乡规划专业的教学，以及从事相关设计工作、手绘爱好者也具有实用价值。教材汇集了不同年代、不同类型、不同风格的手绘作品，并结合实际需要，挑选重点与难点做相应的步骤演示，内容涵盖从黑白线条到色彩、从平面图到剖面图、立面图，再到效果图、鸟瞰图的设计图纸表达。本教材所收集、编录的资料博采众长、兼收并蓄，旨在开阔学生视野，全面培养专业表现技能与审美素养，同时希望能够以此为契机，引导学生通过手绘表现训练，全面提升对风景园林设计的认知、理解与把握。

图书在版编目（CIP）数据

风景园林设计表现技法 / 刘志成，高晖编著. —北京：中国林业出版社，2021.2

国家林业和草原局普通高等教育“十三五”规划教材

高等院校园林与风景园林专业系列教材

ISBN 978-7-5219-0974-6

Ⅰ. ①风… Ⅱ. ①刘… ②高… Ⅲ. ①园林设计－高等学校－教材 Ⅳ. ①TU986.2

中国版本图书馆CIP数据核字（2020）第270368号

中国林业出版社 · 教育分社

策划编辑：康红梅　　**责任编辑**：康红梅　李雪扬

责任校对：苏　梅　　**电　　话**：（010）83143551

出版发行　中国林业出版社

（100009　北京市西城区德内大街刘海胡同7号）

E-mail：jiaocaipublic@163.com　电话：（010）83143550

http://www.forestry.gov.cn/lycb.html

经　销　新华书店

制　版　北京美光制版有限公司

印　刷　北京中科印刷有限公司

版　次　2021年2月第1版

印　次　2021年2月第1次印刷

印　张　9.25

开　本　889mm×1194mm　1/16

字　数　252千字

定　价　56.00元

数字资源

数字资源使用说明

PC 端使用方法：

步骤一：扫描教材封底“数字资源激活码”获取数字资源激活码；

步骤二：注册 / 登录小途教育平台：https://edu.cfph.net;

步骤三：在“课程”中搜索教材名称，打开对应教材，点击“激活”，输入激活码即可阅读。

手机端使用方法：

步骤一：扫描教材封底“数字资源激活码”获取数字资源激活码；

步骤二：扫描书中的数字资源二维码，进入小途“注册 / 登录”界面；

步骤三：在“未获取授权”界面点击“获取授权”，输入步骤一中获取的激活码以激活课程；

步骤四：激活成功后跳转至数字资源界面即可进行阅读。

前 言

“设计表现技法”是风景园林与园林专业的一门重要专业基础课程。良好的设计表现能力是学生进行专业课程学习的核心技能，是设计构思与表达的基础，是体现设计成果的直接途径，也是学生今后走向专业道路的敲门砖，因此，本课程的学习对于专业学习具有核心价值。

除专业技能外，眼界的提升对学生的学习意义重大，本教材精心筛选了从20世纪80年代至今的国内外优秀手绘案例进行展示和分析，汇集了传统与现代、东方与西方的不同风格的手绘作品，详尽系统地梳理了设计表现技法的图纸绘制种类、风格，力求使学生从认知、审美、技能等层面得到较为广泛的拓展和全面的提升，引导学生研今习古，探寻更适合当今时代发展的具有创新性设计表达的途径。

在本教材的编著过程中，感谢宫晓滨教授的宝贵意见和提供的优秀作品。特别感谢中国工程院院士、中国建筑西北设计研究院总建筑师张锦秋先生为教材提供了她本人研究生时期珍贵的手绘作品，并在百忙中抽出时间为作品签字授权。感谢所有作品的原创作者，为本教材提供了大量的专业参考资料和绘画素材。感谢李文婕、李凯历、杨媛、茹龙飞、董二兰、朱撼仑为本教材的文字梳理、图片整理等所付出的辛苦劳动，也非常感谢中国林业出版社为本教材的编辑、出版做出的大量工作。

感谢北京林业大学各位领导、同事全方位的支持和鼓励。本教材得到了2015年校级重点项目支持；也得到了园林学院“设计表现技法”教学改革——“翻转课堂”教学模式探究（BJFU2015JG011）的资助。在此，一并致谢!

由于教材中所选用作品的原作者来自不同时代、不同国家、不同工作领域，部分作品由于时代久远或作者联络信息的缺失，未能联系上原作者，教材中部分作品引注不详，在此深表歉意，如有疏漏和不妥之处，请与我们联系更正。此外，教材还有很多不足之处，望广大专家、读者批评指正，盼进一步的完善!

编著者

2020.09

目录

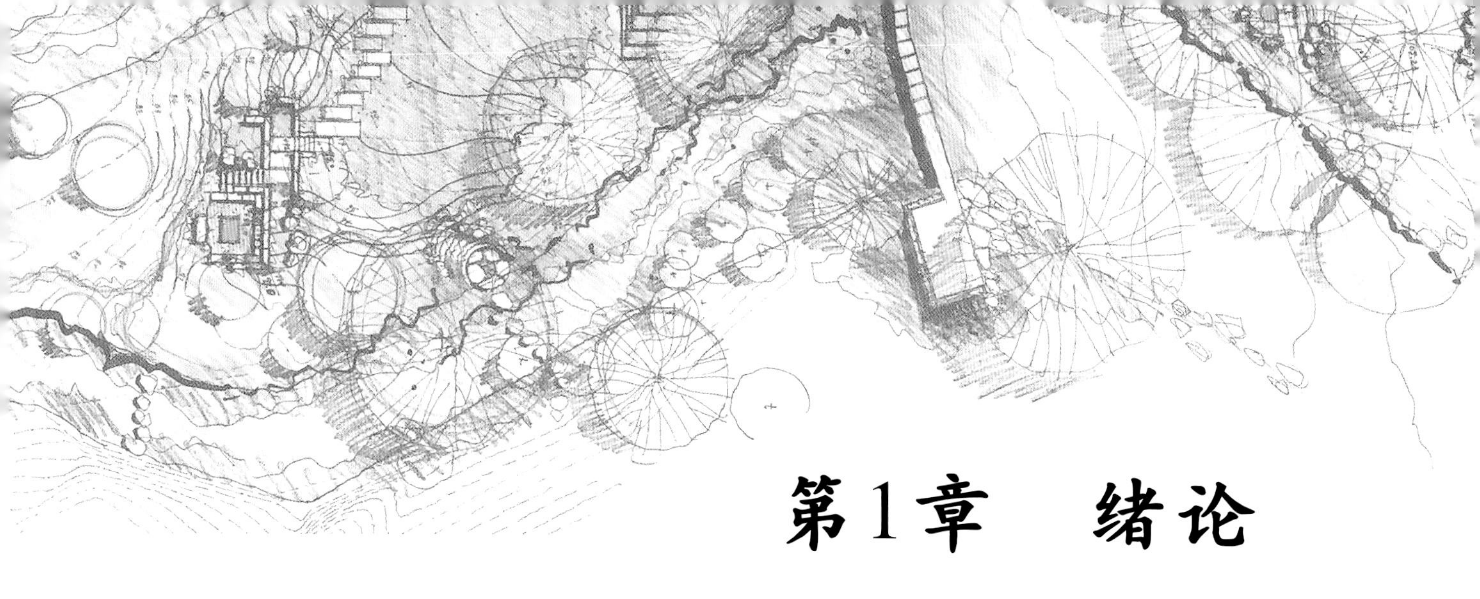

第1章　绪论

1.1　风景园林设计表现技法的内容与特点

本教材面向全国高等院校风景园林与园林专业的学生，主要探讨在风景园林设计中如何进行手绘表现。内容涵盖手绘工具的介绍，风景园林设计的平面图、剖面图、立面图、透视图、鸟瞰图表现等，重点讲解钢笔线稿、水彩渲染、钢笔淡彩和马克笔、彩色铅笔表现的具体方法和技巧，并提供清晰明确的技能图示和优秀范例，旨在帮助学生开阔眼界、提高审美素养、领会艺术魅力、提高风景园林设计的手绘表现水平。

20世纪90年代中期，随着我国城市建设大规模的展开，风景园林行业迅速发展，风景园林设计表现技法也伴随着行业的成长产生了划时代的变化，表现类型呈现出多元化、综合化的发展趋势。就当今设计领域的手绘表现种类来说，可按不同方式进行分类。如按色彩类型划分，可分为黑白表现、彩色表现两类；按使用工具类型划分，可分为水彩渲染、钢笔淡彩表现、马克笔表现、彩色铅笔表现等；按视图类型划分，可分为平面图、剖面图、立面图、效果图、鸟瞰图等多种类型。不同种类的表现形式具有不同的特点，如水彩渲染等表现技法多用于较长时间的细腻刻画，从而产生工整精致的作品；马克笔、彩色铅笔多用于快速绘制设计草图或成图，便于设计师在设计过程中沟通交流。在教学和工作环境中，学生和设计师需要根据实际教学情况、设计目的、时间限制、作品精细程度等要求来选择不同的工具和方式进行表现。

风景园林设计表现是设计者表达其设计构思的重要方式，它具有技术性、艺术性、综合性三大特征。首先，技术性体现在设计者在进行设计表现时需要根据不同的图纸类型，采用相应的制图规范。因为图纸的规范性是绘图的基础，一切图纸的绘制都不能忽略制图规范的要求，不能随意改变图纸内容与图示标准；其次，艺术性是风景园林学科的主要特色之一。因此，设计表现图作为表达设计目的的重要手段，其艺术感、美感的表现具有重要的意义。最后，风景园林设计作品的题材与内容涵盖的学科范畴非常广泛，构成要素也非常多样，包括地形、水体、植物、建筑、道路等一系列自然与人工要素，因此在内容方面，需要表现的空间类型与场景也极为丰富。

具体来说，一张优秀的设计表现图应具备以下特点：图面的透视比例准确，结构清晰，空间层次丰富，色彩和谐而鲜明，所表现对象的造型优美，并且能够营造出生动的空间氛围，准确地呈现设计师所表达的设计内容和效果。除此之外，设计师常常面临设计内容多、时间紧迫的情况，熟练而迅速地完成设计表现也是检验设计师能力的标准之一。

综上所述，若能在设计表现过程中做到以上几点，不仅能收获严谨、美观的作品，还可在设计过程中大大提高工作效率，节省工作时间，也更容易触发创新性思维和设计交流。

1.2　“风景园林设计表现技法”学习目的

在计算机技术日新月异的今天，制图软件以其制作便捷、效果逼真等优势越来越受到设计师们的喜爱。但是，在设计过程中对计算机绘图软件的过分依赖也成为新一代设计师的通病，手绘表现日渐忽视，传统的表现技能也逐渐遗忘。事实上，手绘表现在很多方面有制图软件不具备的优势。对学生来说，一方面，手绘表现的学习有助于快速建立对透视、构图、比例、明暗关系、色彩关系等基本绘图法则的感性认识，在绘图过程中提升造型能力和美感认知；另一方面，手绘表现不只是一种绘图手段，更重要的在于它还是塑造设计思维和实现创意能力的重要手段，能够快速、自由地表达设计想法，并具有强烈的艺术效果和个人风格，能够在绘图过程中促进设计灵感的生成，有助于快速推敲和整理设计方案、整合设计成果、把握方案的整体发展状态，为最终完成设计成果打下基础。如何提高学生在以上两个方面的能力，将手绘表现的优势有效地应用在设计过程中，同时将手绘表现的技术和审美素养的培养得以传承和创新，正是我们的学习目的。

对于有志成为风景园林设计师的学生来说，设计表现技法是一项必须掌握的专业技能。通过本课程的学习，提高自己的手绘表现技能，并初步了解风景园林设计从构思到完成的过程。与此同时，还应正确认识到，学习风景园林手绘表现既要跟上时代，掌握最新的工具和技法，又要了解传统技法与现代技法的关联，把握手绘表现的实质，扎实培养线条、色彩功底；同时，在多看、多练的过程中，进一步加深对风景园林空间设计的认识，积累各个园林要素的不同画法，使自己的设计能力与表现能力相辅相成、相互促进。

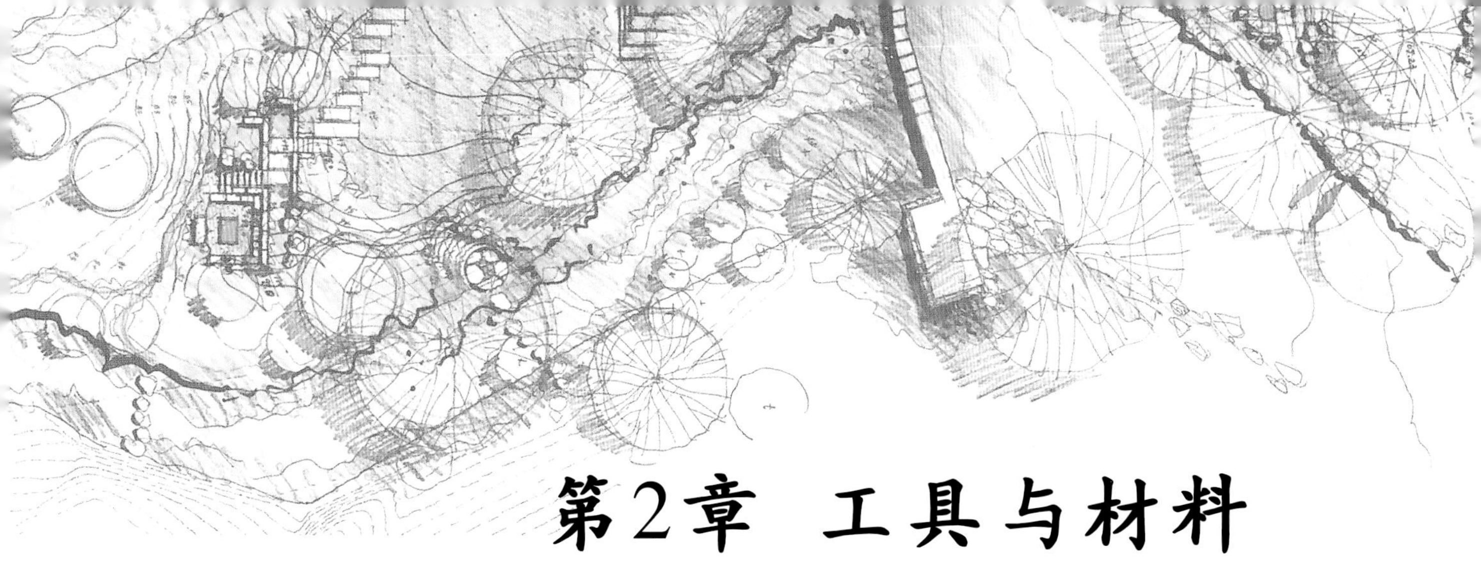

第2章　工具与材料

2.1　笔类

（1）铅笔

铅笔是各类绘图中常见的工具之一，它不但使用简便，且易于修改。铅笔的分类是按照笔芯中石墨的份量来划分，一般根据铅芯的硬软程度划分为H、HB、B三大类，H类为硬铅，B类是软铅，HB则软硬适中，不同型号的铅笔之间有着色阶上的差异（图2-1）。在表现图中，常使用中性的HB型铅笔起稿。

（2）钢笔

笔调刚劲有力，线条流畅且富有变化，绘制出的作品轮廓清晰、黑白分明、富有节奏感和韵律美。钢笔笔尖有粗细不同的型号，可描绘细致入微的细节，也可针对对象进行高度的概括（图2-2）。

（3）针管笔

针管笔有不同的型号，笔尖由细到粗分为0.05、0.1、0.2、0.3、0.5、0.8、1.0等型号，可以绘制出不同粗细的线型。所绘制的线条均匀、流畅，是标准制图的绘制工具。有的针管笔是一次性的（图2-3），有的则是可以重复灌水（图2-4），两者表现效果相似，相较之下，一次性针管笔的笔头更具有弹性，使用更为方便，常用于快速表现的绘制；可灌水的针管笔常用于比较精细的长时间作业。

（4）签字笔

签字笔也叫中性笔，其种类较多、携带方便、价格便宜（图2-5）。有的签字笔的笔头带有如圆珠笔笔头一般的滚珠，亦称滚珠笔或走珠笔，其绘制出的图面效果具有圆润顺畅、线条均匀的特点。

（5）彩色铅笔

彩色铅笔是一种较容易掌握的上色工具，有铅笔的特性，易修改，颜色丰富多彩，叠

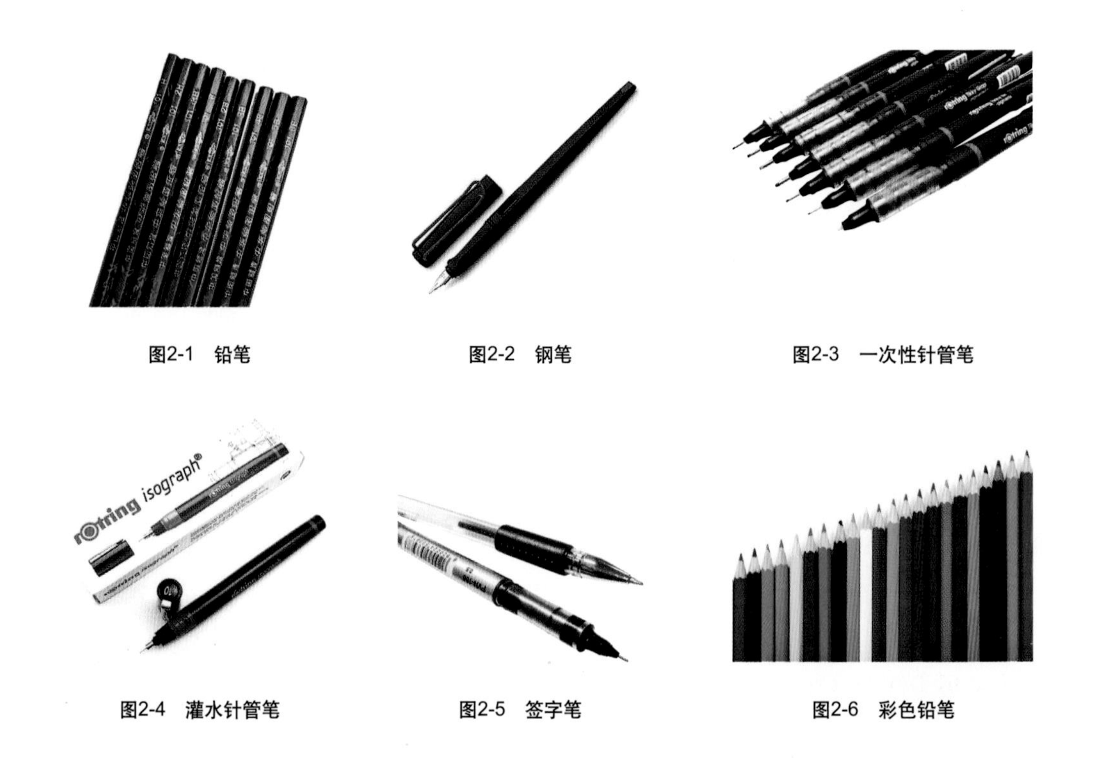

图2-1　铅笔　　图2-2　钢笔　　图2-3　一次性针管笔

图2-4　灌水针管笔　　图2-5　签字笔　　图2-6　彩色铅笔

色可以形成多种层次的色彩效果（图2-6）。彩色铅笔可分为水溶性和非水溶性两种，水溶性彩色铅笔加水之后呈现出类似水彩的效果，颜色鲜艳且色彩柔和。在运用彩色铅笔进行绘图时，要注意其平涂和排线的基本画法，同时要注意先浅后深的涂色顺序。彩色铅笔也常与马克笔或水彩一起结合使用，来丰富画面的质感和细节。

（6）马克笔

马克笔是风景园林设计表现中用于上色的常用工具之一（图2-7）。其色彩剔透，表现力强，适合在各类纸上使用，它具有快干、耐水、可重叠涂画的特点，其笔触快捷、颜色丰富亮丽、表现力强，并且能产生水彩画的退晕效果。但是，马克笔上色不易修改，着色时需谨慎。运用马克笔进行表现时，要求笔触快速、有力，也可通过调整画笔的角度和笔头的倾斜度，来达到控制线条粗细变化的笔触效果，以便更好地体现画面的空间立体感以及各种景物元素的独特质地。

马克笔也可以和彩色铅笔等工具结合使用，产生丰富的色彩层次。

（7）水彩笔

水彩笔常用于水彩渲染和钢笔淡彩的表现，其质地柔软、蓄水量大，笔头富有弹性，一般由貂毛、松鼠毛、小马毛等动物毛或合成材料（如尼龙毛）制成（图2-8）。常见的水彩笔有圆头和平头两类，圆头笔笔触圆润纤细、无棱角，运用范围比较广泛；平头笔则多用于绘制形态轮廓较为规整且块面感较强的形状，竖向用笔也可以绘制较细的线条。水彩笔根据笔头的大小，分为不同的型号，可根据图幅大小或个人绘画习惯选择使用。

(8) 水粉笔

常用于水粉渲染的表现，与水彩笔相比，笔头柔中带刚，更富有弹性和韧性，材质多以羊毛为主，笔头为扁平头居多（图2-9）。根据笔头的大小，分为单号和双号两种类型。水粉笔的笔杆多为木质，尽量减少泡水次数以防止漆皮的开裂。

(9) 大白云、中白云、小白云

常用于水彩渲染以及钢笔淡彩的表现。其外层为羊毫，中间部分是硬而挺的狼毫，属于兼毫笔，软硬适中，既能储蓄较多水分，又富有弹性，可以平铺颜色也可以描绘细节，初学者易于掌握（图2-10）。

(10) 衣纹笔和叶筋笔

衣纹笔（图2-11）和叶筋笔（图2-12）的共同特点是硬度强且笔锋细腻、匀称。常用于勾勒线条和细部的上色，如水彩渲染中用来绘制植物的树枝、叶片，以及水面的纹理等。

(11) 板刷

材质多为羊毛，吸水较多，弹力较强，多用于渲染中为画面铺底色和大面积刷水铺色，也多用于裱纸（图2-13）。清洗干净后的刷子应平放或悬挂，尽量不要使刷毛弯曲。

(12) 喷笔

喷笔是一种精密仪器，外观类似钢笔，附带一个承装液体颜料的容器，需要连接气管并与气泵一起配用（图2-14）。喷笔的色彩表现力较强，可以通过控制颜料的厚薄，制造

图2-7 不同类型马克笔

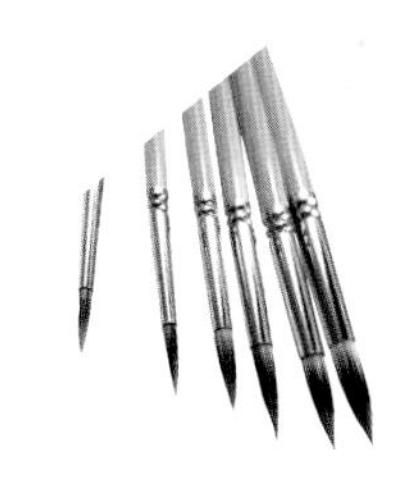

图2-8 水彩笔

图2-9 水粉笔

图2-10 大、中、小白云

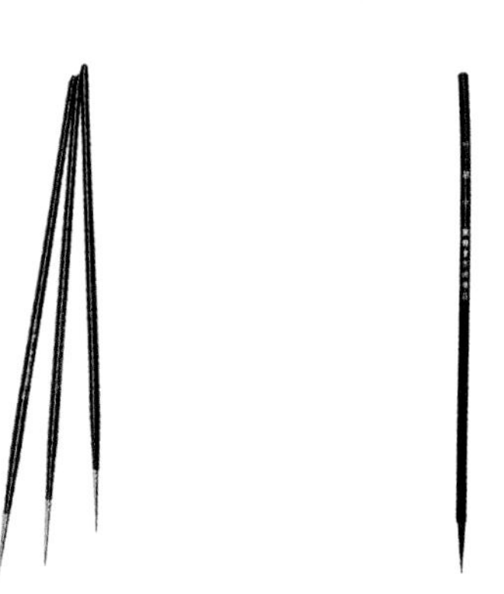

图2-11 衣纹笔

图2-12 叶筋笔

图2-13 板刷

出均匀、渐变的色彩效果，绘制出的色彩层次细腻自然，可以体现出色阶的微妙变化。喷笔适合在水彩或水粉渲染中大面积喷色，有时也用于修改画面。

(13) 高光笔

高光笔其笔水呈白色，具有一定的覆盖力，多用于提高画面局部亮度、勾勒物体受光部的高光以及强化纹理的光感，如植物受光部轮廓、水纹、木纹、玻璃反光、金属光等（图2-15）。

2.2 图纸类

2.2.1 专业工程设计类图纸

(1) 草图纸

也叫拷贝纸，质地柔软而薄，呈半透明状，价格便宜，具有良好的耐磨性和吸墨性，多用于草图的绘制及拓制底图（图2-16）。

(2) 硫酸纸

表面光洁、质地坚实、呈半透明状，是一种特制的制图纸张，多用于建筑、园林等手工描图，宜用马克笔上色，纸的透明度可以降低马克笔的纯度，使画面效果均匀、清透（图2-17）。

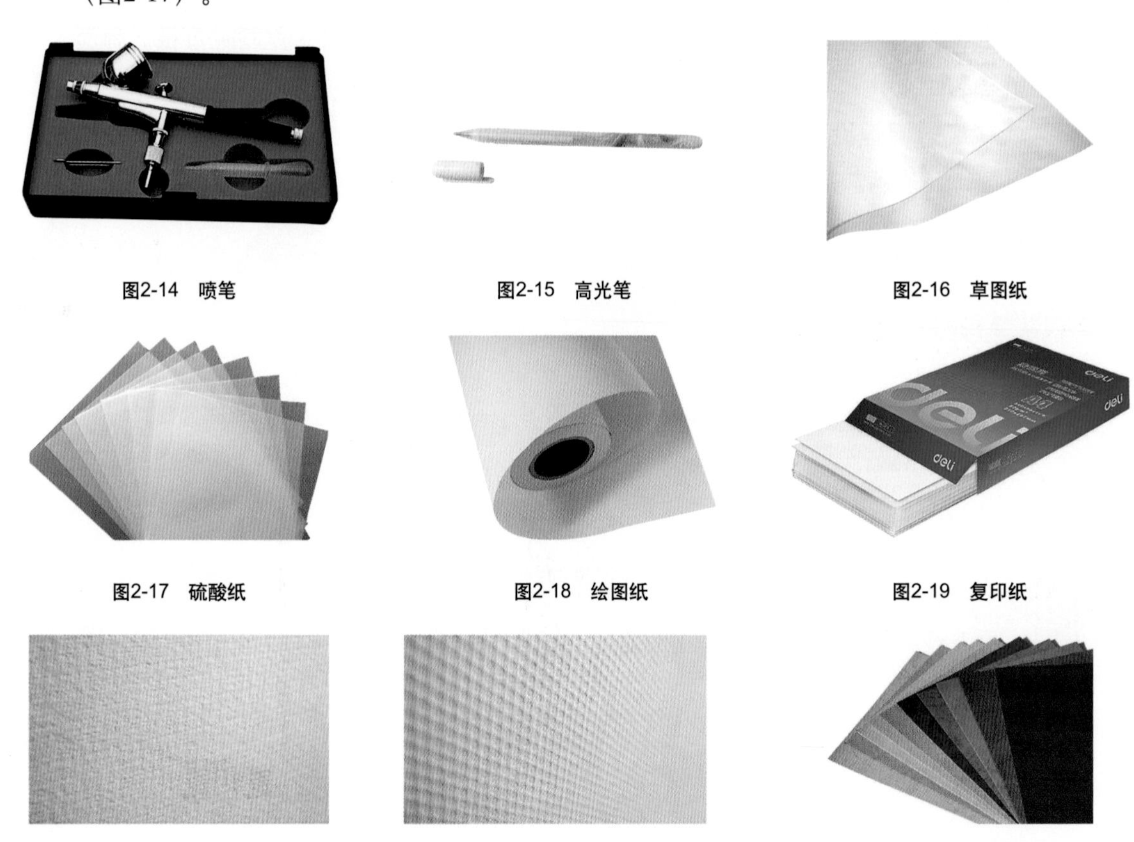

图2-14 喷笔

图2-15 高光笔

图2-16 草图纸

图2-17 硫酸纸

图2-18 绘图纸

图2-19 复印纸

图2-20 水彩纸、水粉纸

图2-21 色卡纸

(3) 绘图纸

多用于工程图、机械图的绘制。其质地紧密而强韧，具有耐磨、耐折等特点（图2-18）。墨线图、渲染、钢笔淡彩、马克笔等表现有时也可用绘图纸来完成。

2.2.2 其他常用图纸

(1) 复印纸

虽是复印机专用纸，但其软硬适中、质地光滑，对颜色的吸附较均匀，有较好的表现力，且价格便宜，故适用于各类快速表现图（图2-19）。钢笔、针管笔、马克笔等工具均可在复印纸上作画。

(2) 水彩纸

为水彩绘画专用纸，具有良好的吸水性，适合于渲染等表现形式（图2-20左）。水彩纸张的厚薄是以重量来衡量，磅数越高，纸张越厚，吸水性也越强，在反复涂抹时越不易破裂和起球。

(3) 水粉纸

为水粉绘画专用纸，与水彩纸相似，吸水性较强，多用于表现水粉渲染（图2-20右）。较水彩纸更粗糙，表面有圆形的坑点。

(4) 色卡纸

其本身带有颜色，可以起到奠定图面基调和烘托画面氛围的效果，作画时可根据画面内容选择适合的颜色（图2-21）。

另外，在风景园林设计表现中，根据特殊表现的需要，还可选用喷墨打印纸、白卡纸、牛皮纸等纸类进行表现。

2.3 颜料类

(1) 水彩颜料

加水后透明度较高，覆盖力较弱，并以水来控制和调节色彩的浓淡，加水愈多，色愈浅；反之色愈深（图2-22）。水分的把控是掌握水彩颜料的要点之一。水彩画能产生清新自然、清澈通透、令人欢愉的艺术意境。

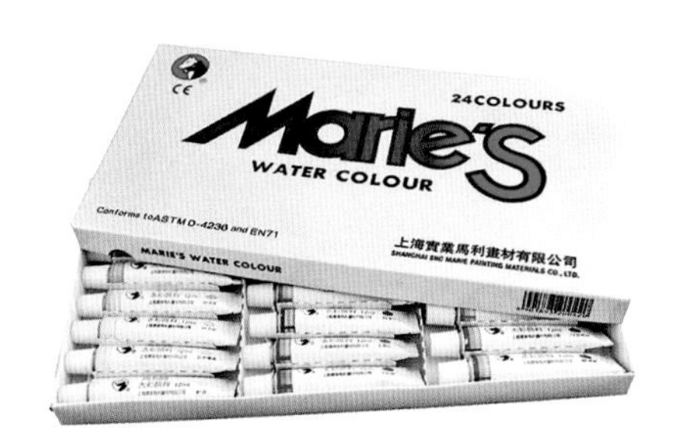

图2-22 水彩颜料

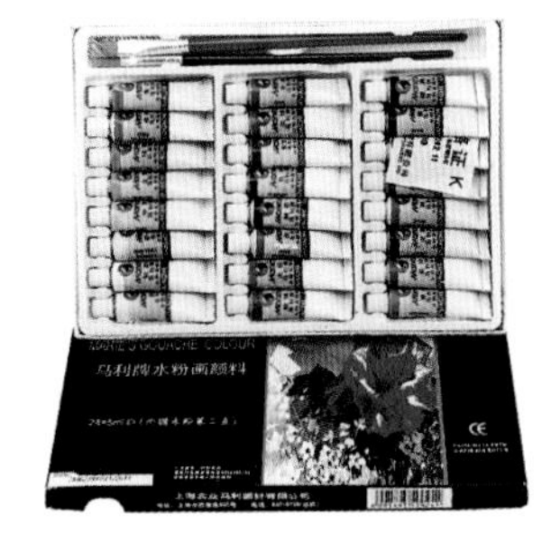

图2-23 水粉颜料

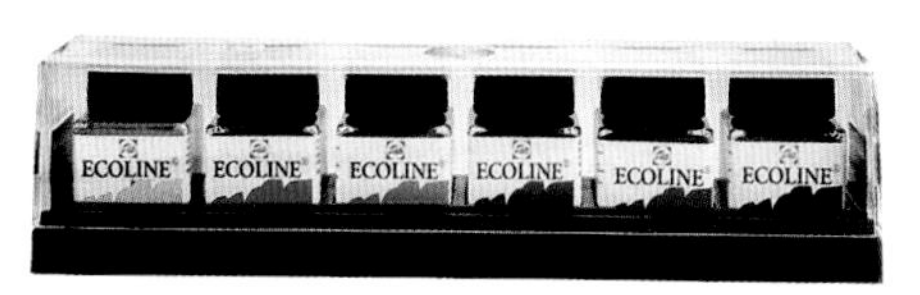

图2-24 透明水色

（2）水粉颜料

由颜料粉和胶、结合剂等组合而成，呈现膏状，作画时用水调和。水粉颜料覆盖力较强，色彩的深浅随干、湿情况也相应发生变化（图2-23）。颜料厚时易覆盖，薄时则呈现半透明状。水粉画一般采用白色水粉颜料调节色彩的明度。它的表现力介于油画和水彩画之间。

（3）透明水色

呈水状，需用水进行稀释上色，上色效果与水彩接近（图2-24）。其最大特点是色彩浓度较高、透明艳丽，不足之处是透明水色所含色料的色性较活跃，调色时色彩的冷暖倾向容易在短时间内发生改变，使用时需格外谨慎。

2.4 尺规类

（1）丁字尺

由相互垂直的“短尺”和“长尺”组成、整体形状呈“丁”字形的直尺（图2-25）。一般有600mm、900mm、1200mm三种规格。主要用于绘制水平线以及辅以三角板绘制垂线。使用时尺子的长边和短边都须紧贴图板，才能保证线条的准确。

（2）三角板

有30°、60°、90°和45°、90°角边，可用于绘制直角及特定角度的直线（图2-26）。

（3）直尺

直尺是绘制直线以及线段的常用工具（图2-27）。

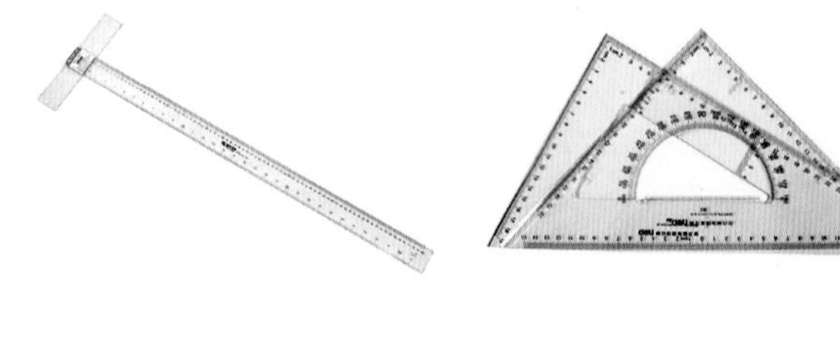

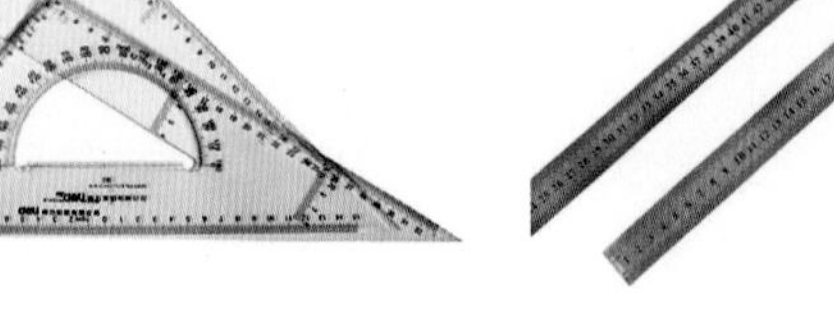

图2-25 丁字尺　图2-26 三角板　图2-27 直尺　图2-28 比例尺

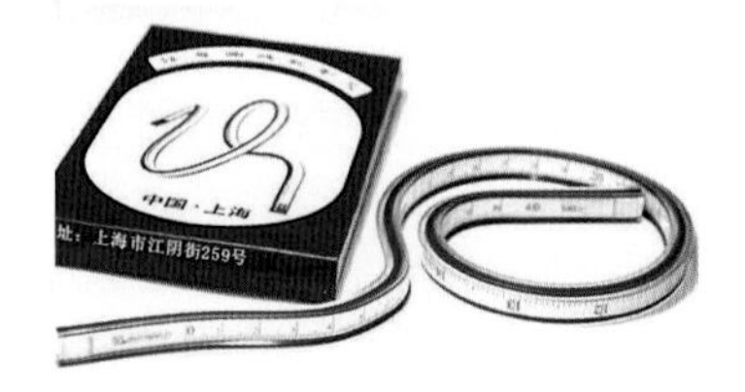

图2-29 蛇尺

图2-30 曲线板

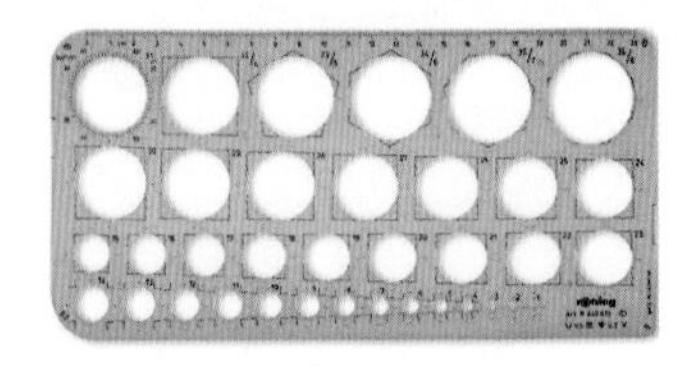

图2-31 圆模板

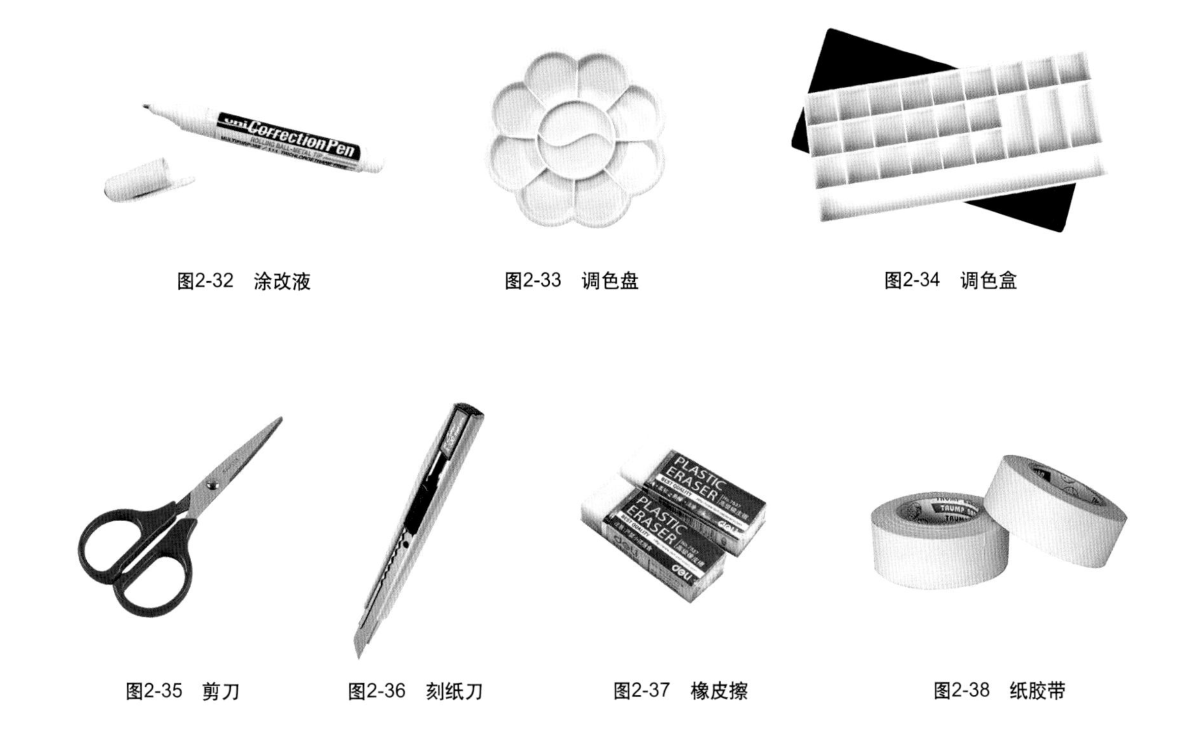

图2-32 涂改液　图2-33 调色盘　图2-34 调色盒

图2-35 剪刀　图2-36 刻纸刀　图2-37 橡皮擦　图2-38 纸胶带

(4) 比例尺

这是风景园林设计表现中常使用的工具之一，通常包括六套刻度，每套刻度对应一种比例（图2-28）。在进行绘图时要根据所需要的图纸比例选择合适的刻度。

(5) 蛇尺

蛇尺是可以随意弯曲的软尺，多用于自由曲线的绘制及度量（图2-29）。在设计表现中，可以运用蛇尺绘制出较为流畅圆滑的曲线，但蛇尺较厚，不容易绘制弧度较小的曲线。

(6) 曲线板

曲线板是风景园林表现图中用来绘制曲线的常用工具之一。绘制时，选取曲线板上某一段与所想表达的曲线近似的边缘，用笔沿该段边缘移动，即可绘出该段曲线（图2-30）。在使用曲线板绘制曲线时，要注意交接处的过度，避免出现生硬的连接方式。

(7) 圆模板

圆模板是绘制圆形的工具，模板上有若干直径不等的圆形，绘制时可以根据需求选择相应直径的圆形（图2-31）。其使用便捷，常在风景园林设计平面图中绘制植物。

2.5 其他辅助工具

“工欲善其事，必先利其器。”在风景园林设计表现中，除了常用的必要工具之外，还需要一些辅助工具的帮助，如涂改液（图2-32）、调色盘（图2-33）、调色盒（图2-34）、剪刀（图2-35）、刻纸刀（图2-36）、橡皮擦（图2-37）、纸胶带（图2-38）等。

第3章 设计表现基础

本章主要介绍墨线的表现方法，以及造型、透视、构图、色彩的相关基础知识。在进行设计表现之前，首先应掌握线条与色彩、透视与构图、比例与尺度等方面的基础知识。线条、色彩的运用是进行设计表现的基础内容，透视与构图、比例与尺度等绘图法则和技巧则影响着画面的准确性和协调性。

3.1 线条

线条是设计表现的基础与最基本的造型语言，线条的变化影响设计的表达及画面的质感。绘制线条时的运笔速度以及线条所呈现的虚实、轻重、曲直等特征，体现着线条的内在韵味。初学者需要进行大量练习，方能较好地掌握这些作画技巧，从而绘制出气韵生动的作品。

在线条绘制训练过程中，要注意握笔姿势，同时控制自己的手指、手腕、肘部和肩膀的力度，做到运笔顺畅，使线条达到刚柔并济的效果。初学者可以先从单一类型的线条练习开始，如水平线、竖线、斜线、曲线等，然后再训练绘制二维平面中的组合线条，进而逐渐转成三维空间中的线条训练。

在设计表现中，线条的绘制可以分为“尺规表现”和“徒手表现”两种，不同的表现形式有各自的特点及优势，我们要根据设计要求及内容的不同，选择合适的表现形式，以呈现出作品的最佳效果。

3.1.1 尺规线条

尺规线条（图3-1），即运用直尺、圆规等绘图工具进行绘制的线条。其中，绘制直线的常用尺规工具有丁字尺、直尺、三角板等；绘制曲线的常用尺规工具有曲线板、蛇尺、圆规等。一般来说，要求精确表达设计成果的图纸多选择运用尺规画线的表现方式，这样表现出的线条流畅、均匀、严谨，但缺点是图面略微死板、不灵活。

运用尺规进行线条表现时，要注意以下几点：

①绘图之前对绘图工具进行详细认识和了解。不同工具的作用和使用要点不同，要通过大量的练习，熟悉和掌握使用技巧，才能做到运用自如。

②尺规线条的粗、中、细线的应用必须符合相关制图规范的要求。

③运用尺规绘制线条时应配合准确的透视关系以及合适的比例关系进行表现，使得画面精确、严谨。

④要保持尺规工具的清洁度，避免在移动工具时把图纸弄脏。

如图3-2所示，全图选择尺规作图。画面工整、比例精确、线条肯定、表达严谨。

如图3-3所示，建筑部分选择尺规作图，使建筑体的比例、尺度更具严谨性和准确性；植物配景部分选择较细致的徒手绘制，画面整体风格和谐统一。

图3-1　尺规练习（田学哲，1999）

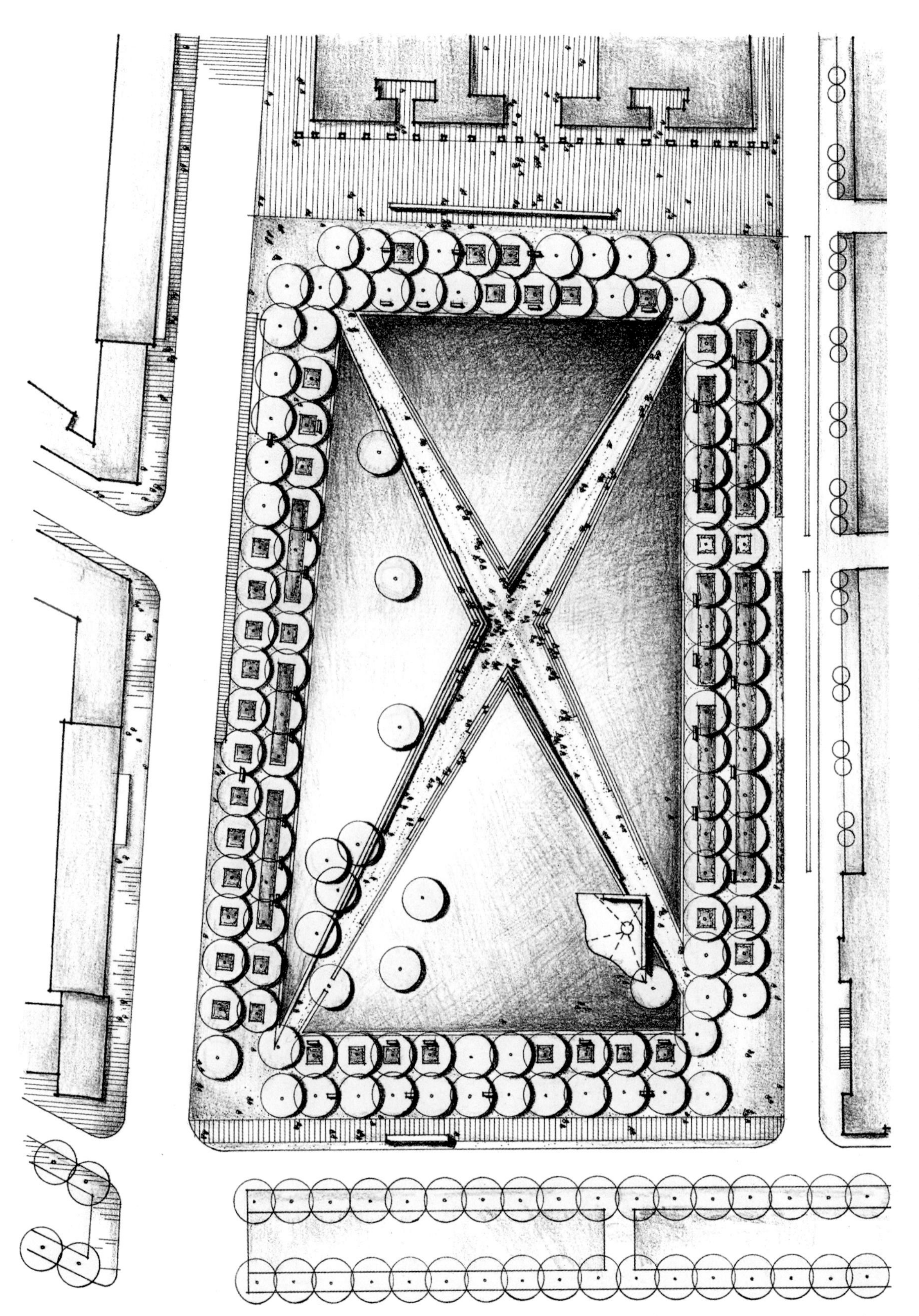

图3-2 风景园林快速设计与表现（刘志成，2012）

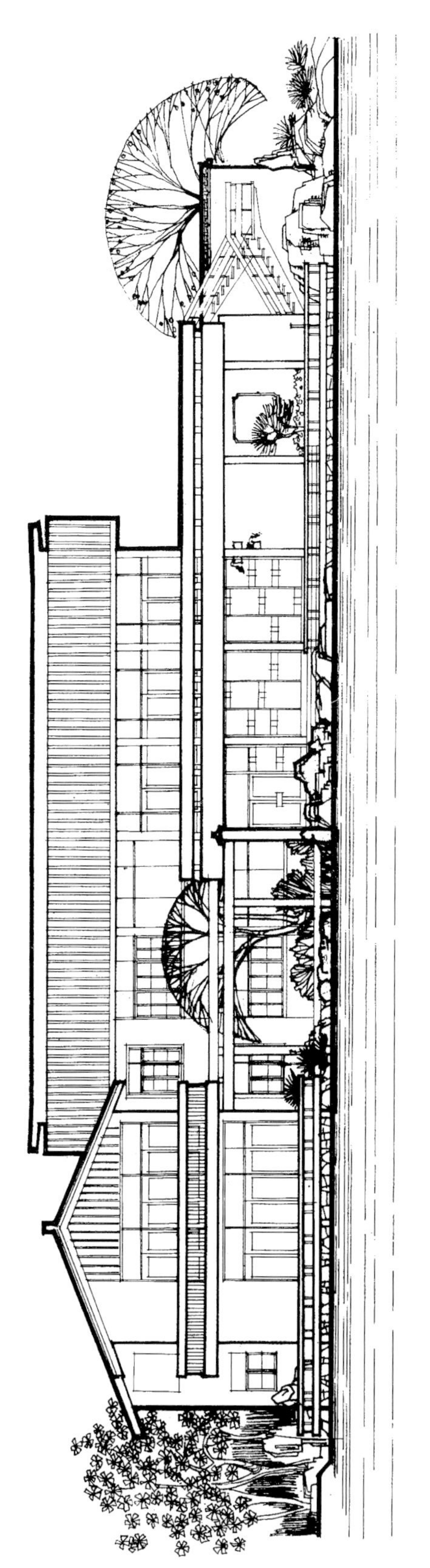

图3-3　**茶室立面图**（同济大学建筑系园林教研室，1986）

图3-4　尺规绘制的建筑（夏宗阳，1991）

如图3-4所示，建筑部分运用尺规绘制，表现为细密的排线方式，全图形成丰富的色调，很好地体现了建筑的光影效果和画面的黑白灰层次。

3.1.2 徒手线条

较尺规表现不同，徒手表现即不借助尺规工具等来进行绘制。在设计表现中，徒手具有表现快速、灵活、机动性强，表现效果活泼、轻快、生动的特点。基于以上特点，徒手表现最能直接、快速地建立设计构思与图示之间的对话关系，记录并体现设计构思与设计所呈现的空间、视觉效果。这一过程是任何计算机绘画软件所无法替代的。更重要的是，徒手表现的类型与特点在不同作品中的差异很大，需根据不同阶段、不同表现要求来进行调整，这是风景园林设计表现的基础内容，也是本教材介绍的重点。

（1）直线

徒手绘制出的直线，要求线条肯定、挺括、流畅，同时也要注意，相对于尺规线条来说，徒手线条的“直”是相对的，徒手直线中略带抖动感的线条具有独特的韵味（图3-5）。

在进行徒手直线练习时，应体会线条的微妙变化，应注意每一根线条的起笔、运笔、收笔，同时也要注意体现运笔的速度、轻重，线条的虚实以及顿挫感。其中，运笔速度与所表现的内容和风格相关，画线时可以快速画出有变化的线条，也可以缓慢画出力度均匀的线条，运笔快，则力度感强；运笔慢，则线条饱满有趣味性。此外，在画长线时，若一笔无法画到位可适当断开，但一条线条不可分段太多，每段线条也不宜相互重叠。初学者可从简单的单线开始练习，逐步过渡到完整的形体表达，逐渐做到运用自如、熟能生巧。

图3-5 徒手直线的表现（学生作业 朱静娴）

成图参考案例如图3-6所示。

（2）曲线

在风景园林设计表现中，曲线画法大多数指自由曲线的绘制（图3-7），多用于植物、水体、地形等要素的表达。在画线的过程中应体会线条的微妙变化，绘制时要强调曲线的弹性和张力、转折和方向，更应体现线条的流畅度和饱满度，切忌因反复涂描而造成线条的不连贯。此外，还要控制好手腕的力度，做到胸有成竹，一气呵成，这样才能收放自如。成图案例可参考图3-8。

（3）“乱线”

“乱线”常有多种表达方式（图3-9），虽看似“乱”，绘制过程中却也有规律可循。例如，常用来完成光影与肌理表现的“乱线”，多以短促有力但方向不同的线条组成，绘制时需要把握主体景物的特点，通过改变线条的疏密程度来绘制相应的光影和肌理效果。“乱线”的乱而有序是绘制过程中的基本逻辑，在绘制时，要根据景物所表现的内容来选择合适的方向、力度、疏密程度，从而有规律地排线或叠加。切不可随意用笔，以免导致线条杂乱无章，影响整体画面效果。成图案例可参考图3-10。

图3-6　建筑画环境表现与技法（钟训正，1985）

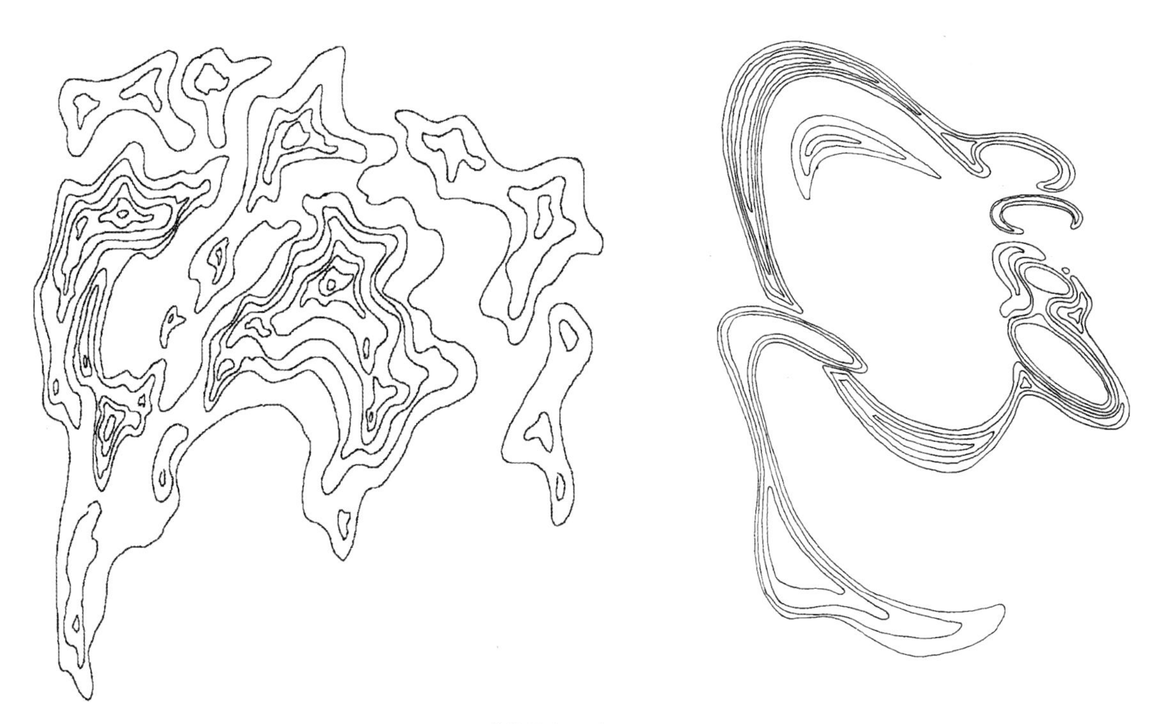

图3-7　曲线的表现（刘志成，2012）

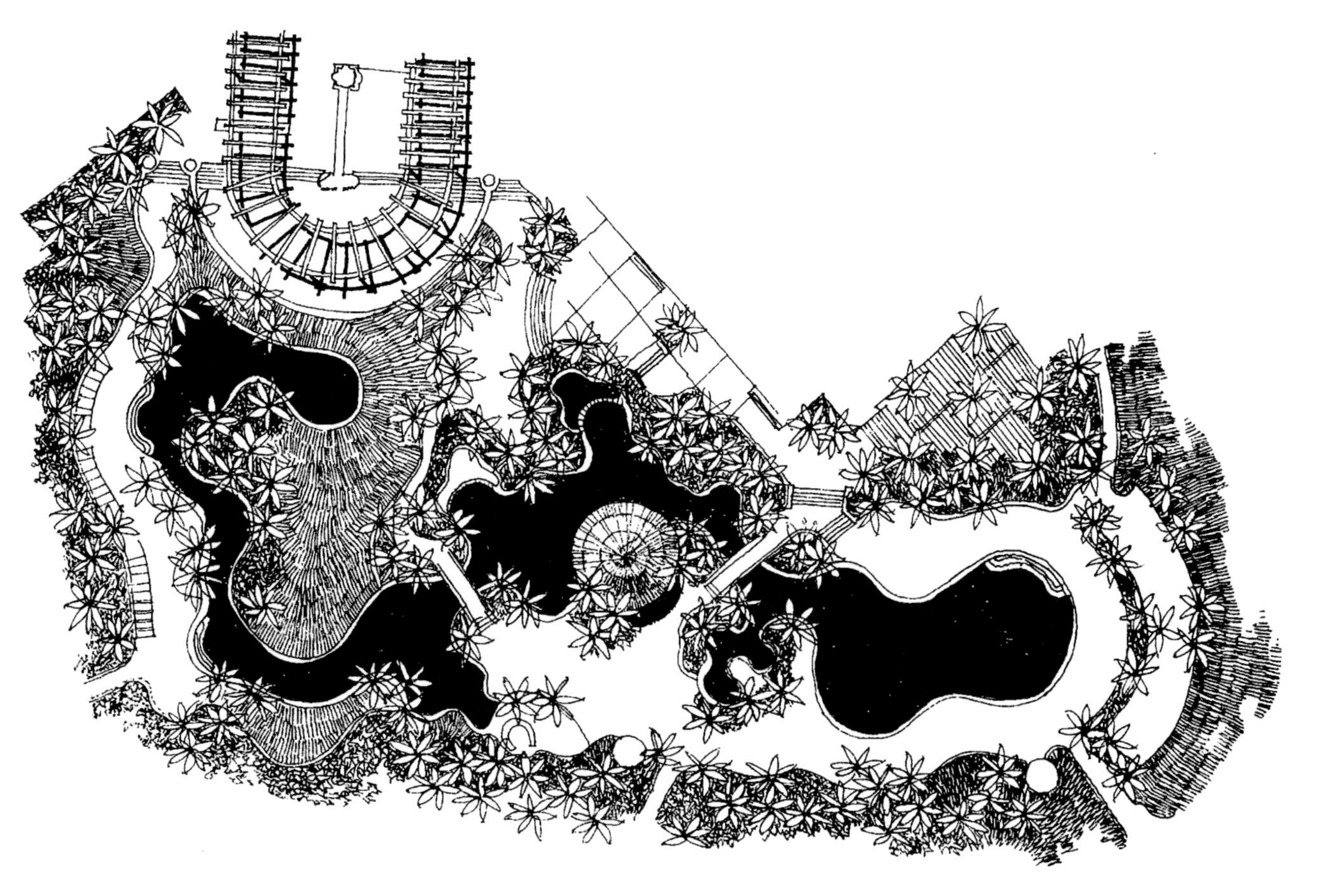

图3-8　平面图中的曲线（王晓俊，2000）

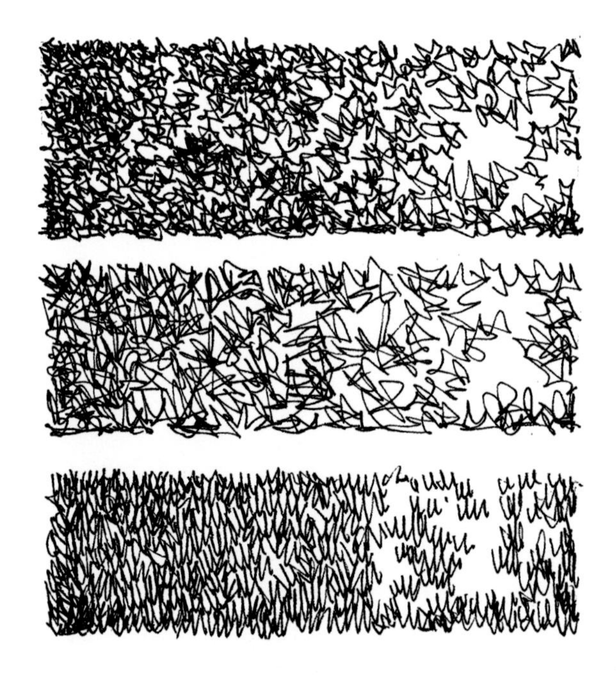

图3-9　乱线的表达（高晖）

图3-10　用乱线绘制的表现图（高晖临摹）

3.2 造型

事物的形态是其外在形式与内在构造的综合体现，所以造型是设计表现的重要基础之一。在设计表现过程中，造型能力不仅体现在主体形态的表达，还体现在主体与配体之间的相互呼应与对比关系上。每一个设计表现作品中的各个形态均需做到形体准确、结构严谨、富有节奏感与韵律感。

不论是平面造型的塑造还是三维系统中实际的应用，对造型的把握都是最基础的部分。因此，在风景园林专业的课程设置中，造型的训练也是重点内容之一。例如，通过素描课程的学习初步培养学生描绘物体外形特征，以及运用光影法表现几何形体的立体感、空间感的能力；“平面构成”课程则锻炼学生对各种图形元素的组合能力及画面构图意识，为设计表现中平面及透视图的整体布局打下造型基础（图3-11）；“空间构成”课程着重提高学生对立体造型的创造力及表现力，加深对物体结构、比例、空间的认知（图3-12）。三门课程循序渐进地塑造了学生的造型能力，对设计表现起到了良好的铺垫作用。通过对“设计表现技法”课程的学习，学生对造型的综合应用能力将进一步得以加强。

实际上，优秀的设计作品不论从平面形式还是空间组织上都应是一副优秀的构成作品（图3-13），在实际应用中，初学者易犯的错误就是运用种类过多、形态各异的图形元素，使画面凌乱和节奏失调，适量的图像构成元素通过适当组合，更容易产生均衡、简

谭秋李作　曹旭卿作　谭秋李作　王雯婧作

图3-11　平面构成（学生作业）

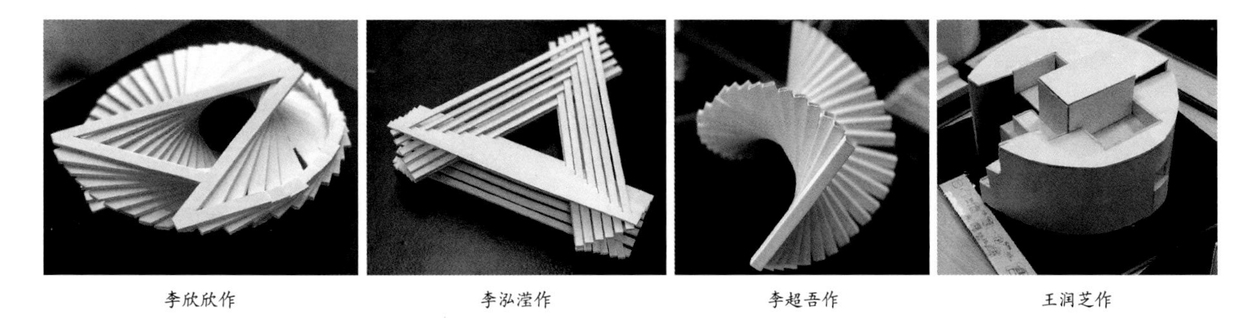
李欣欣作　李泓滢作　李超吾作　王润芝作

图3-12　空间构成（学生作业）

图3-14　康定斯基几何造型油画图《构图8号》

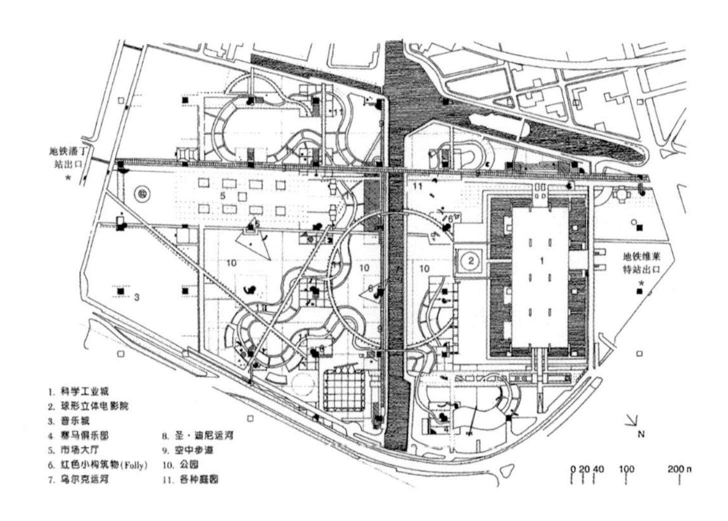

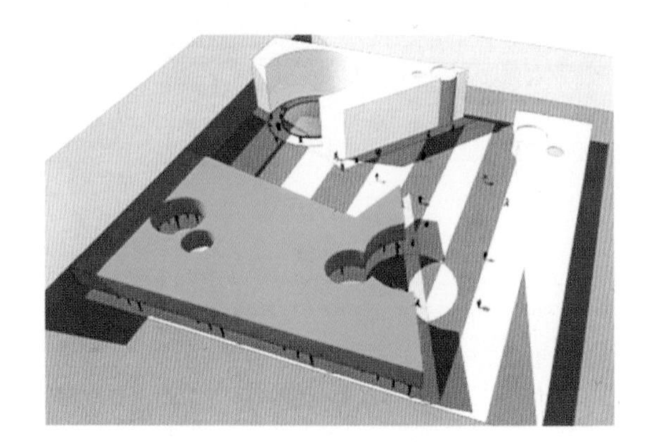

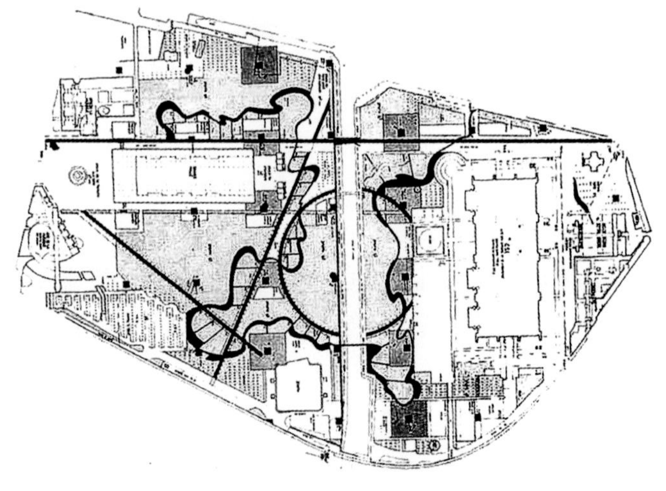

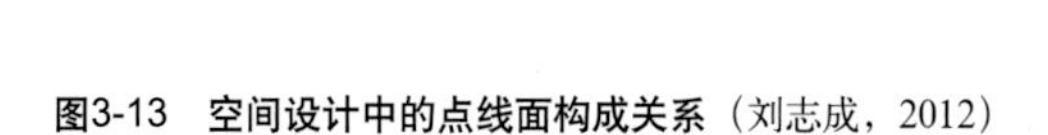
图3-13　空间设计中的点线面构成关系（刘志成，2012）

图3-15　拉维莱特公园平面图

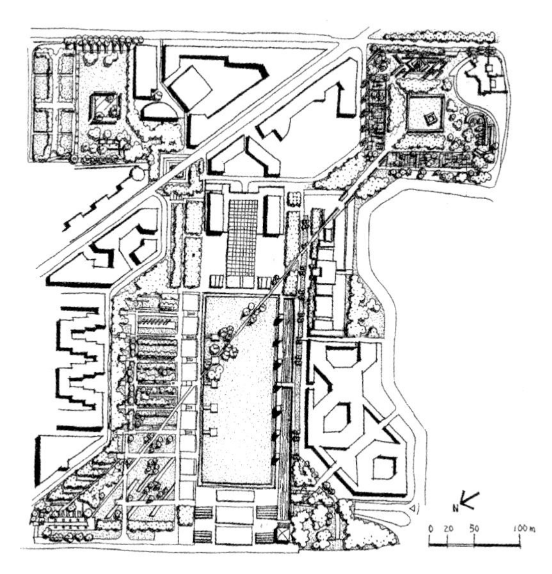

图3-16 雪铁龙公园平面图（刘志成，2012）

图3-17 流水别墅（迈克·林，1990）

洁、富有节奏的画面效果。其实，不论在绘画艺术、建筑创作还是风景园林设计中，均有许多利用简洁的造型元素进行表达的佳作。

康定斯基在其油画作品中，选择最基本的几何图形作为绘画语言，通过图形以及结构的变化，创造出具有丰富形态的多样化造型，如《构图8号》（图3-14）中尖锐的三角形、斜线组合与柔和的圆形、曲线形成对比，从而使作品具有动感与张力；法国的拉维莱特公园（图3-15）通过点、线、面三个体系的相互组合，叠合成为公园的整体结构体系，达到了秩序与变化之间的高度平衡；巴黎雪铁龙公园（图3-16）的空间单元以尺度不同的长方形为主进行设计，形式简洁而不失变化；流水别墅则是建筑设计中的经典范例，长方形体块的穿插组合使体量、空间搭配等方面都十分出色，使整个建筑的内外空间相互交融、浑然一体（图3-17）。

3.3 透视与构图

在风景园林设计表现中，正确的透视关系和均衡的构图是一幅画的“画中之要”，是设计者体现制图基础、表达其创作意图、传达形式美法则的重要工具。因此，掌握正确的透视关系和构图规律是风景园林设计者应具备的重要能力。

3.3.1 透视原理

透视学是指在二维空间内表达三维空间，即在平面上描绘物体或者场景的立体关系、空间关系的相关方法。在通常情况下，视点与物体的相对位置发生变化时，物体的透视形象也随之改变，从而产生不同视点的透视图。概括来说，透视图分为三类：一点透视、两点透视、三点透视。

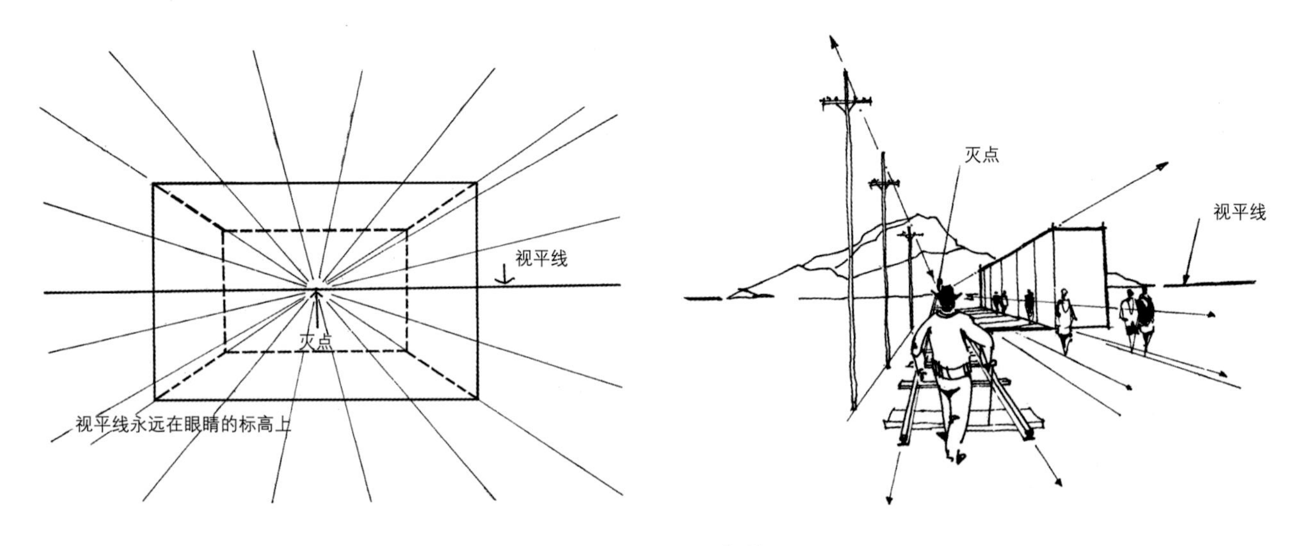

图3-18　一点透视

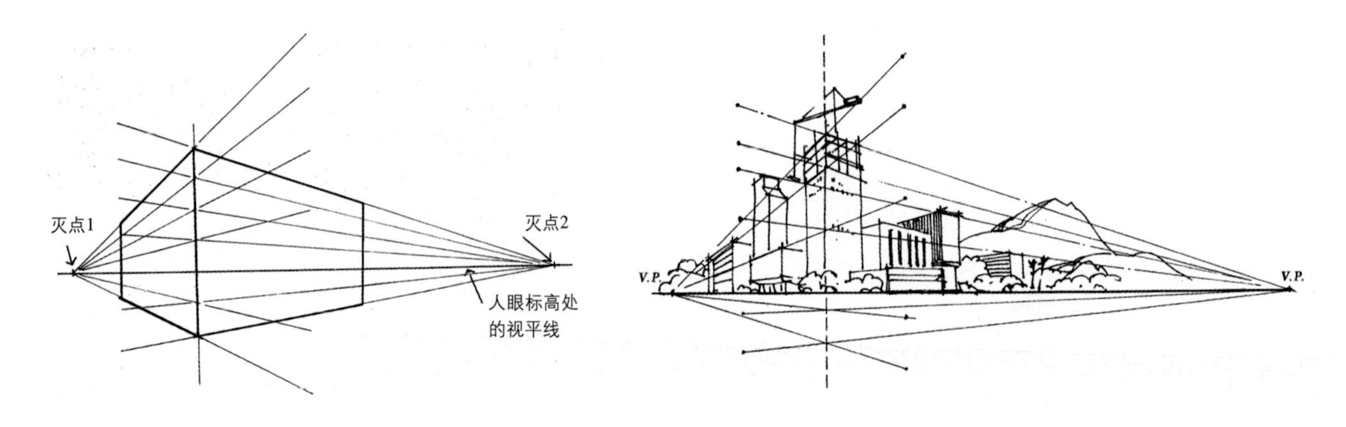

图3-19　两点透视（B·S·奥利弗，1984）

（1）一点透视

将所描绘的物体简化为立方体，产生长、宽、高三个方向的三组平行线（图3-18）。正视立方体，长、宽、高三个方向只有一组平行线与画面相垂直，其透视产生一个消失点，也称灭点或者心点，这样画出的透视称为一点透视，也称平行透视或正面透视。在风景园林设计表现中，一点透视多用于描绘纵深感较强、视野宽广的空间，或利用画面左右对位关系，达到突出中心主体的效果。

（2）两点透视

基于一点透视的基础上，如不再正视立方体，将立方体向左或向右旋转一个角度，便会出现两组线分别消失于画面的左右两端，从而产生两个消失点（灭点），这样画出的透视称为两点透视，也叫成角透视（图3-19）。两点透视表现的空间场景视野相对较小，但画面效果自由灵活，是风景园林设计表现中的常用透视方式之一。

图3-20　用一点透视原理绘制的鸟瞰图（天津大学建筑系资料室，1986）

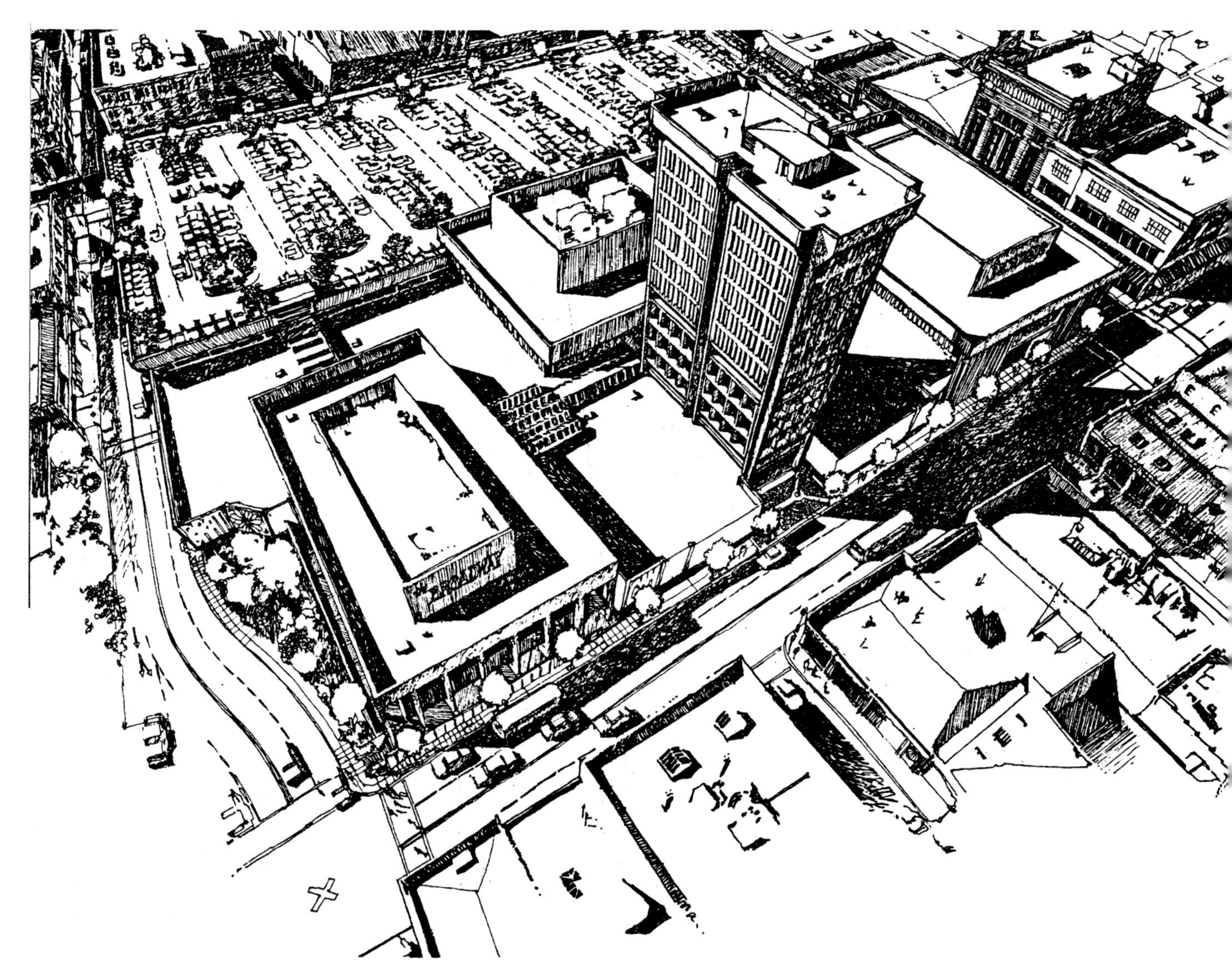

图3-21　用两点透视原理绘制的鸟瞰图
（天津大学建筑系资料室，1986）

(3) 鸟瞰图

鸟瞰图指用俯视的角度和适宜的比例表达某一区域整体空间关系的俯视效果图，它可以模拟一个方案的较高视点的真实空间体验（图3-20、图3-21）。在进行鸟瞰图的绘制时，由于被表达物体的高度相对视距而言较小，因此，常将垂直方向的透视忽略，运用视点较高的一点透视或者两点透视的方法进行表现。

3.3.2 构图

构图学是设计表现的重要基础内容之一，主要研究画面内容和形式的整体安排和合理布局。一幅图的构图形式直接影响到画面的平衡感和美观性，在中国画的美学理论中，构图指“经营位置”，并用大量的绘画作品实例来表明构图在美学中的重要性。在进行设计表现时，如能合理掌握构图技巧，就可以更好地表达设计意图，使画面展现更强的艺术效果。

通常，每一幅画面都有表现主体，构图的目的就是通过画面的组织，形成一幅均衡且生动的画面，并突出和强调这个主体，形成“趣味中心”（图3-22）。即使是对同一个场

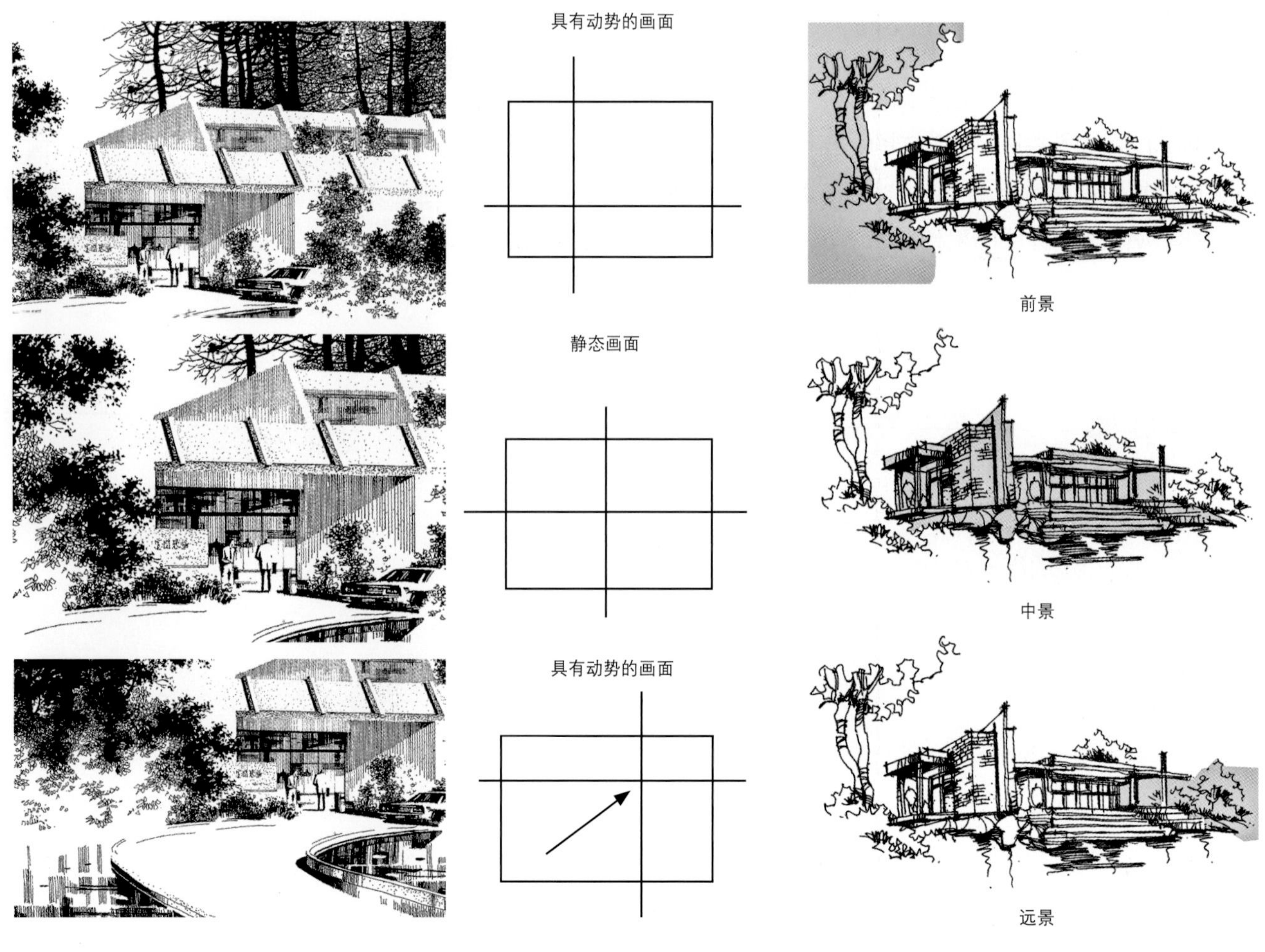

图3-22 不同趣味中心（冯强，1992）

图3-23 前景、中景、远景（高晖临摹）

景的表现，也可以通过改变“趣味中心”的位置，形成不同的景观效果。

在设计表现图中，为了更好地表达空间层次，在构图时一般将画面分为近景、中景、远景三个层次（图3-23中灰色部分），通过对近景、中景、远景的不同场所氛围的处理，使画面形成更好的空间感和画面层次感。

（1）近景

在一幅表现图中，近景是位于画面最前部的要素，在一定程度上有框景的作用，用于强化画面的透视感和空间感。绘制时可根据画面的需要确定是否进行较为细致的刻画。

（2）中景

常常是画面的“趣味中心”，也是需要着重刻画的主体，表达着画面的主题和内容。因而在描绘中景时，要注意增强这个区域的明暗对比，并进行一定的细致刻画，使得主体轮廓清晰、结构明确、重点突出，同时要建立与近景和远景的关联，使整体画面连贯而统一。

（3）远景

通常处于画面的地平线位置处，被视作整体空间的背景，来烘托中景处的主体。一般不作细部刻画，通常只用轮廓线或者较暗的色调来表达，给人以悠远之感。

综合来看，构图的重点在于创建层次丰富、主次分明的画面。为此，在刻画景物时常通过强化、对比等手法来拉开画面的主次关系。①方法一：在构图时，可将主体置于画面中较为核心的位置并进行细致刻画，起到强化的作用。②方法二：强调中景。近景和远景进行弱化或留白，利用虚实对比来区分画面的主次景，拉开近、中、远的层次。③方法三：利用线条疏密和明暗对比来区分主次景，在主景周边加强色调深浅对比，深的部分更深，浅的部分更浅，从而将主景轮廓烘托出来。以上这三种方法都是构图中突出画面主次关系的重要方式。

3.3.2.1 常见的构图形式

风景园林设计表现中的构图方式有很多种，并无统一的模式，但为便于初学者理解并迅速掌握构图技巧，本节总结了六种常见的构图形式供读者参考。

（1）包围式构图

这种构图形式的优点在于突出主体内容，明确画面中心。画面四周的配景（如植物）以半围合的形式呈现，将视线引向中心主体，以此烘托画面氛围并强调主景内容（图3-24）。这种构图形式强调近、中、远的景观层次，需要着重对近景和中景进行细部刻画，但近景不宜篇幅过大。

（2）放射式构图

这种构图形式常用于突出画面的视觉冲击力，可用于表达纵深感较强的场景氛围。放射线的线性方向由画面的某个焦点从中心向四周发散开来，在画面中，尽管表现内容没有明确的主体，但画面的结构明确清晰，全图富有动感与均衡感（图3-25）。

图3-24　包围式构图（天津大学建筑系资料室，1996）

图3-25　放射式构图（高晖临摹）

图3-26　水平式构图（高晖临摹）

图3-27　**垂直式构图**（梁蕴才、高详生，1988）

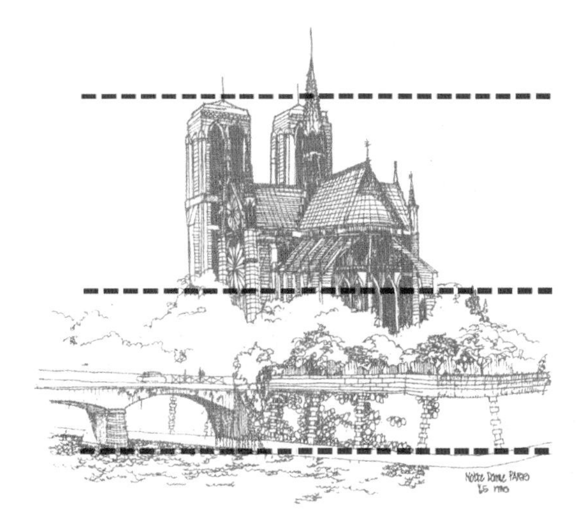

图3-28　**三分式构图**（天津大学建筑系资料室，1996）

图3-29　**"S"形构图**（高晖临摹）

（3）水平式构图

这种构图形式多用于表达描绘对象的平静、稳重之感，且具有完整、连贯内容的景观。画面多以水平横向的走势呈现，通常景深效果不明显（图3-26）。在绘制平行式构图的设计表现图时，要注意画面整体横向节奏的塑造，避免主次不分。

（4）垂直式构图

这种构图形式常用于表达所描绘对象（如高层建筑、高大的树木）的高耸、纵向拉伸之感，通常会在视觉上产生垂直向上的动势（图3-27）。运用这种构图形式时，可以在主体周围选用适当的配景进行衬托，但要注意主景与配景之间比例的合理性，避免画蛇添足使场景失真。

（5）三分式构图

这种构图形式多将画面左右或上下分为三部分，主体部分与配景部分形成一定的比例关系，能够很好地避免因将主体放在画面中心位置而造成“死板”的现象，较好地体现空间的宽阔之感，能使画面生动且富有活力（图3-28）。在风景园林表现中，这种构图形式常用于表现带有宽广的草坪或水面的场景。

（6）“S”形构图

这种构图形式所描绘的景物从前景到远景呈“S”形，使画面具有延伸、流动、深远的空间感，常用来描绘弯曲的园路、曲折的河流等景象，给人宛转灵活、自然流畅的视觉体验（图3-29）。

3.3.2.2 构图要点及原则

构图作为保证画面质量的关键因素之一，在进行设计表现时，初学者应该把握一些常规的、关键的构图要点及原则，使作品的主题更加突出、层次更加清晰。

（1）主次分明

绘制时，画面要重点突出、主次分明。通过强调对比和虚实关系来进一步表达画面的中心，进而增强画面的空间感。合理的画面构图常有近景、中景、远景之分，以此表现丰富的空间层次，同时保持主景与配景的联系和呼应，使画面更真实与和谐。在处理主、配景的关系时，通常采用近大远小、近实远虚的手法来突出视觉中心的景象，弱化视觉中心以外的景象。

（2）画面均衡

均衡是形式美的法则之一，通常指画面中的元素打破平均分配，处于相对平衡的状态，从而使画面能在视觉上产生稳定感和舒适感。通常通过处理画面中景物的大小、颜色、线条的呼应关系，以及各元素所占的比例来达到对应巧妙、均衡画面的效果。

（3）节奏和韵律

节奏是相同视觉要素连续重复时所产生的运动感，韵律是指画面中各个要素的起承转合的和谐性。一幅具有节奏与韵律感的构图，不但要求作者在绘制时注意塑造结构和元素的节奏动感，而且讲究在变化中体现统一和谐的韵律。

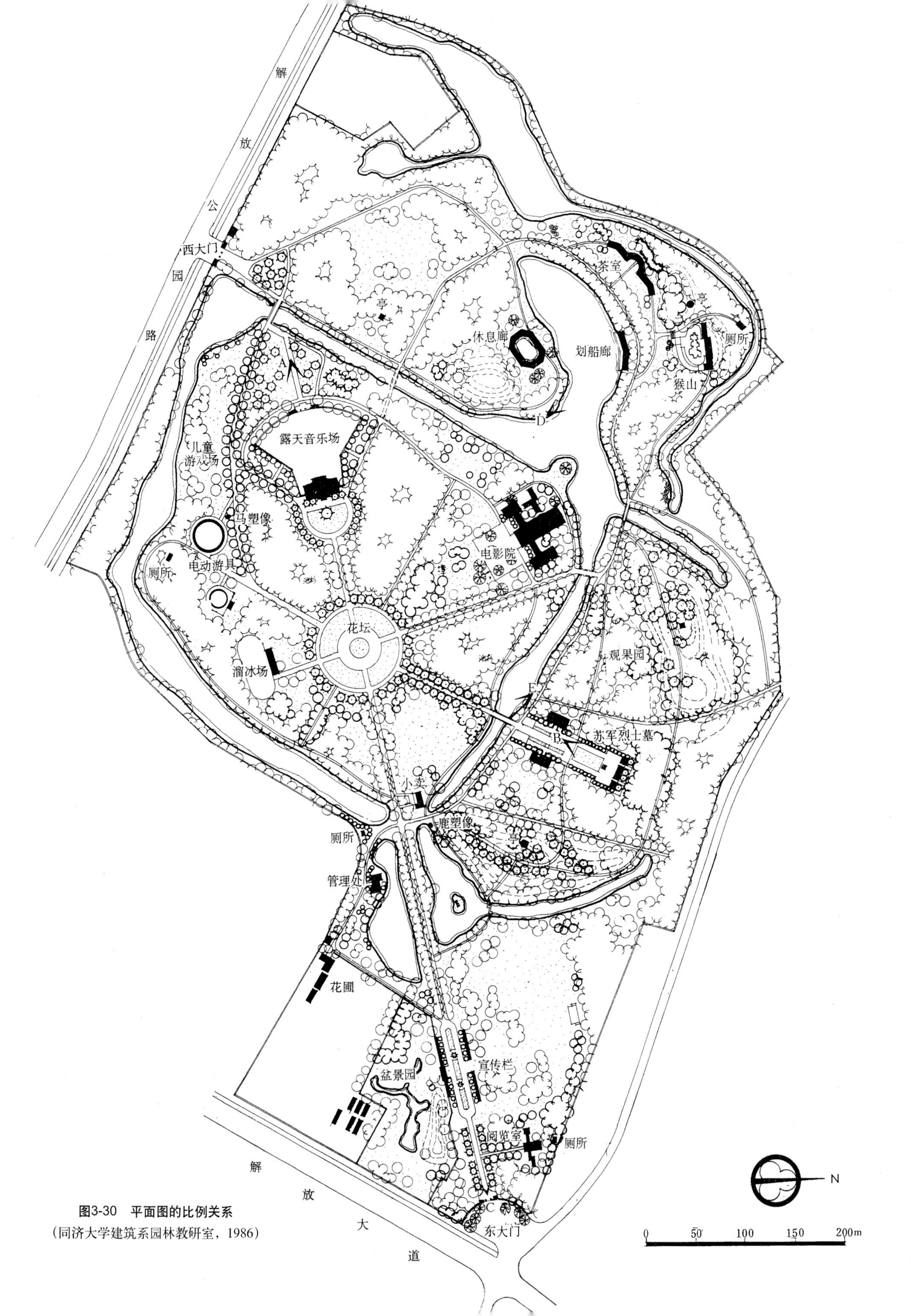

图3-30　平面图的比例关系

（同济大学建筑系园林教研室，1986）

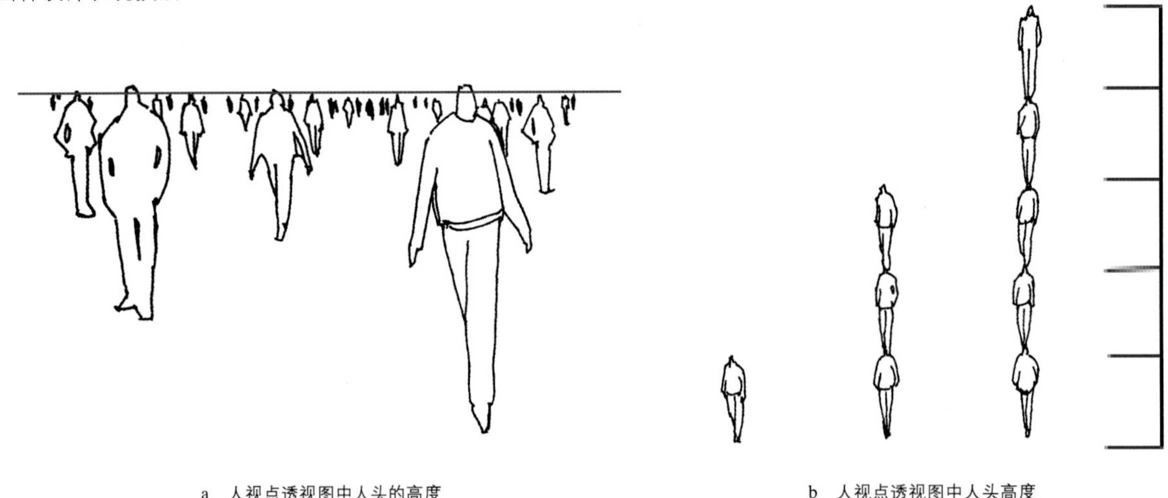

a　人视点透视图中人头的高度

b　人视点透视图中人头高度

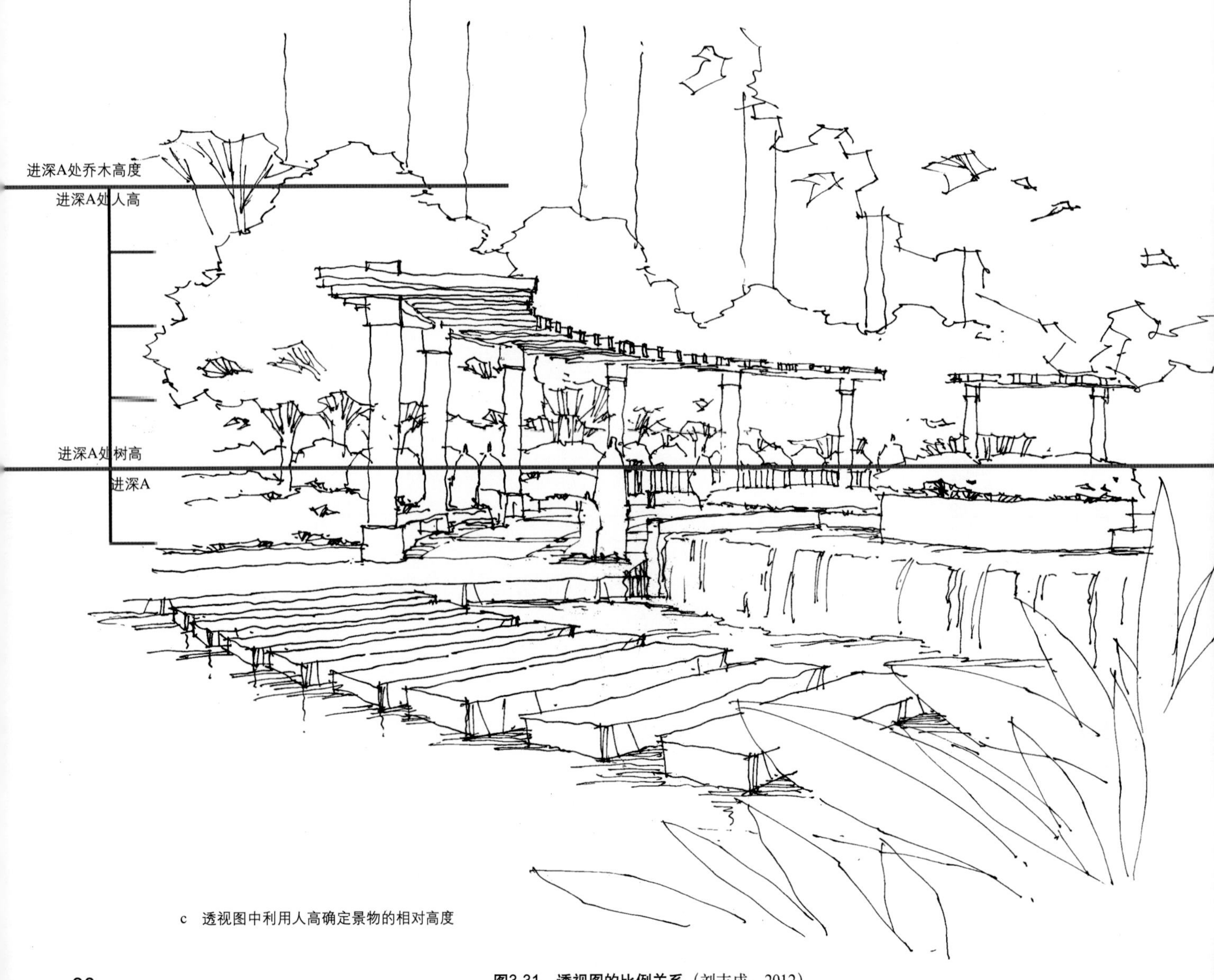

c　透视图中利用人高确定景物的相对高度

图3-31　透视图的比例关系（刘志成，2012）

（4）尺寸与比例

在风景园林设计表现中，尺寸和比例关系的正确与否影响着画面的准确性与和谐性。

对于平面图和剖立面图来说，比例主要指图中的图形与其对应的实物之间的绝对尺寸之比。绘制平面图和剖立面图时需严格按既定的比例进行，同时在画面中标注出所采用的比例或比例尺（图3-30）。风景园林设计中常用的比例有1：300、1：500、1：600、1：800、1：1000等。

对于透视图来说，尺寸与比例主要涉及两方面的内容：一是单个景观元素自身的大小、长短、高低、厚薄等比例关系；二是要素和要素之间的相对比例关系。

在一幅快速表现透视图中，想要快速获取较为准确的比例关系，一般不依照物体的真实尺寸进行计算，可以依照画面中各个要素之间的相对比例关系进行表现即可。初学者最常见的问题是把握不准物体的相对比例，容易将景物画得比例失调。解决这一问题的简便方法是选定某一参考物作为基准，其他物体可依据此参考物来计算出自身相对高度，但需要注意的是，参照物和被计算物体之间需要在同一进深处。例如，以人体高度（通常约1.7m）为基准，在同一进深位置处的乔木树高约为人高的3～5倍，便可快速绘制出乔木的大致高度位置（图3-31c）。还要注意的是，在人视点透视图中，人站立时的头部统一在视平线的位置上（图3-31a）。

图3-32 《曼陀林和吉他》（毕加索）

3.4 色彩

了解色彩的基础知识，是提高个人配色能力的前提。本节通过简要介绍色彩的基本原理，帮助初学者加强对色彩知识的基本理解和运用。

色彩的三大属性为：色相、明度、纯度。色相指色彩自身的相貌；明度指色彩的明暗程度；纯度指色彩的饱和度、鲜艳度。画面空间的层次可以通过这三大属性的合理搭配来呈现。如图3-32所示，色彩丰富且富有活力，作者以橘红色为色彩基调，通过色相偏暖、明度较高、纯度较高的颜色突出主景，而背景则选用色相偏冷、明度较低、纯度也较低的色彩与主景形成对比关系，从而拉开画面空间层次展现了和谐统一的画面效果。

3.4.1 色彩的运用

由于不同作品中描绘的景物内容和审美特点有所不同，色彩的运用情况也会相应发生变化，结合色彩的属性和审美法则，在给画面上色时应注意以下几点：①选用的色相种类不宜过多、过复杂，这样易造成画面的色彩混乱与不和谐，尽量使画面“唱一个调子”。②对初学者来说，在一幅图中大量使用高纯度的色彩容易导致画面产生“浮躁”之感。与之相反，用较少量的高纯度色彩搭配一定量的较低纯度、较高明度的色彩来进行组合，更容易使画面达到和谐统一，从而拉开近、中、远景或主、次景的色彩差距。③一幅作品需要建立自身色彩基调来传达色彩情感，我们常依据画面的表现意图来进行定位。对于一幅作品来说，选用不同的色彩基调，常会有不一样的情感传达，同时也给人不同的视觉体验和心理感受，如图3-33所示，画家在一天不同的时段内，面对同一个场景进行不同色调的表现，随着光线和时间的转换，捕捉不同色调的变化，使作品传递出不同的情感氛围。

图3-33 《鲁昂大教堂系列》不同的色彩选用

初学者在学习设计表现的同时，应该通过大量的色彩练习，掌握色彩的语言并在作品中进行探索和尝试，逐步提高美学素养，从而建立独特的个人风格，使作品更富有表现力。

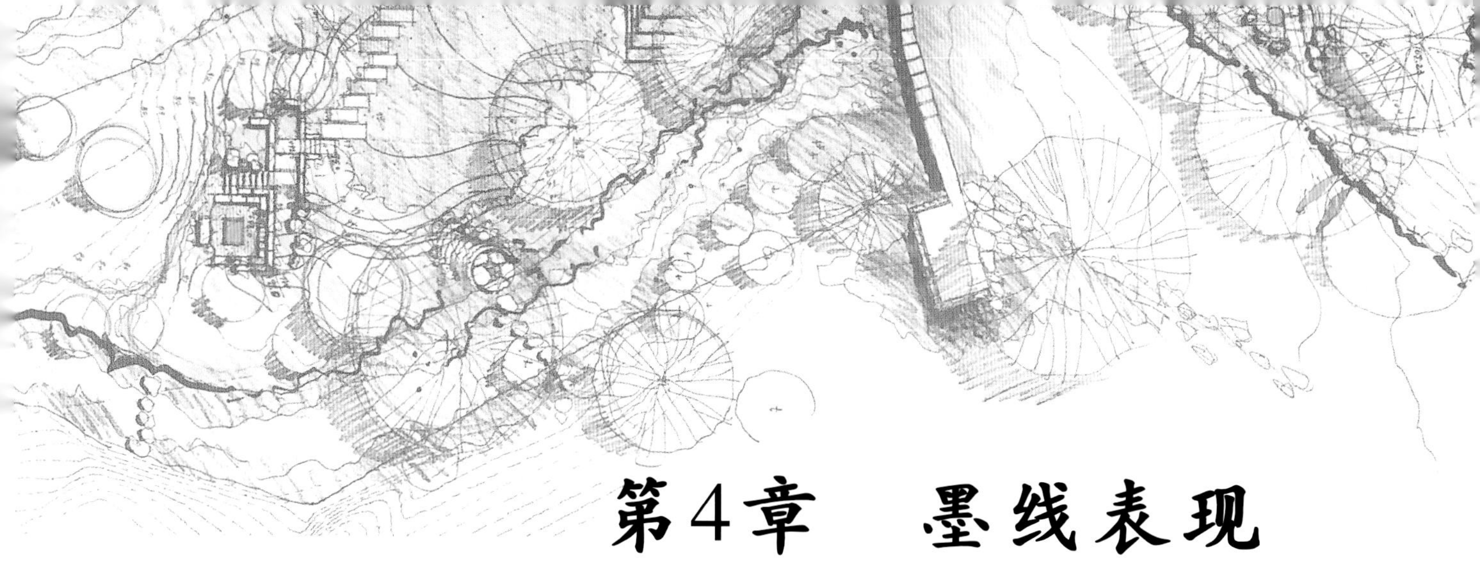

第4章　墨线表现

墨线图以明确清晰的线条来描绘景物的形体特征，从而表达设计意图。遵循严谨的制图规范和用生动的线条表现是绘制要点。风景园林设计中的主要图纸内容包括平面图、剖面图、立面图、透视图、鸟瞰图、分析图等，本章主要就前五类设计图的墨线表现画法进行介绍。

在平面图中，正式、规范的图纸表达常需要借助尺规工具进行绘制，要求线条工整、清晰、均匀，不同粗细、不同类型的线条都有其各自的意义。在风景园林设计表现中，设计图纸图线的线型、线宽及主要用途详见表4-1。

除了尺规绘制，在推敲方案的草图阶段或进行快速表现时，设计师还常采用徒手绘制线条的方式来进行表现。徒手绘制线条比较便捷，画法也相对自由，可大致分为两大类：单线勾勒与光影画法。单线勾勒是指运用简练的线条勾勒景物的轮廓线以及细节，不描绘物体的光影，特点是画面简明工整、轮廓清晰；光影画法则强调光影效果的表现，以打点、排线等方式刻画出物体的阴影和明暗关系，特点是画面立体感、黑白灰关系突出。在绘图过程中，可选择其中一种画法，也可将两者结合起来运用，全面展现景物的轮廓、细节及光影，使画面更为生动丰富。徒手绘制对设计者的线条功底要求较高，需熟练掌握直线、曲线、“乱线”等线型的绘制技巧。

表4-1 设计图纸图线的线型、线宽及主要用途

名称		线型	线宽	主要用途
实线	极粗		2b	地面剖断线
	粗		b	① 总平面图中建筑外轮廓线、水体驳岸顶线； ② 剖断线
	中粗		0.50b	① 建筑物、道路、边坡、围墙、挡土墙的可见轮廓线； ② 立面图的轮廓线； ③ 剖面图未剖切到的可见轮廓线； ④ 道路铺装、水池、挡墙、花池、坐凳、台阶、山石等高差变化较大的线； ⑤ 尺寸起止符号
	细		0.25b	① 道路铺装、挡墙、花池等高差变化较小的线； ② 放线网格线、图例线、尺寸线、尺寸界线、引出线、索引符号等； ③ 说明文字、标注文字等
	极细		0.15b	① 现状地形等高线； ② 平面、剖面中的纹样填充线； ③ 同一平面不同铺装的分界线
虚线	粗		b	新建建筑物和建筑物的地下轮廓线，建筑物、构筑物的不可见轮廓线
	中粗		0.50b	① 局部详图外引范围线； ② 计划预留扩建的建筑物、构筑物、铁路、道路、运输设施、管线的预留用地线； ③ 分幅线
	细		0.25b	① 设计等高线； ② 各专业制图标准中规定的线型
单点划线	粗		b	① 露天矿开采界限； ② 见各有关专业制图标准
	中		0.50b	① 土方填挖区零线； ② 各专业制图标准中规定的线型
	细		0.25b	① 分水线、中心线、对称线、定位轴线； ② 各专业制图标准中规定的线型
双点画线	粗		b	规划边界和用地红线
	中		0.50b	地下开采区塌落界限
	细		0.25b	建筑红线
波折线			0.25b	断开线
波浪线			0.25b	

注：①本表内容取自《风景园林制图标准》（备案号 J 1982—2015）

②b为线宽宽度，视图幅的大小而定，宜用1mm。

4.1 平面图墨线表现

风景园林设计平面图，是用来表现环境的整体布局、空间分隔、交通联系、各景物要素的平面形态以及要素之间的关系等内容的图纸。平面图中还需表达出各个元素的投影，以及用于表示地理方位的指北针、比例尺、图名等内容（图4-1至图4-7）。

在绘制平面图时，大致步骤如下：①确定画面的总体布局，安排好本图应包含的所有内容，包括标题、注释等；②按照设计比例和制图标准，用单线依次绘制出场地范围、道路、地形、水体、场地、植物等园林要素以及它们之间的空间关系，注意各元素之间线型的区分，并给平面图标注相应的比例尺、指北针等；③对物体形象、肌理、体积感、材质等做进一步地细化处理，要求绘制时采用不同粗细的线条由浅至深地加重；④给每个物体加上影子，增强画面的黑、白、灰关系，进而达到统一画面的效果。

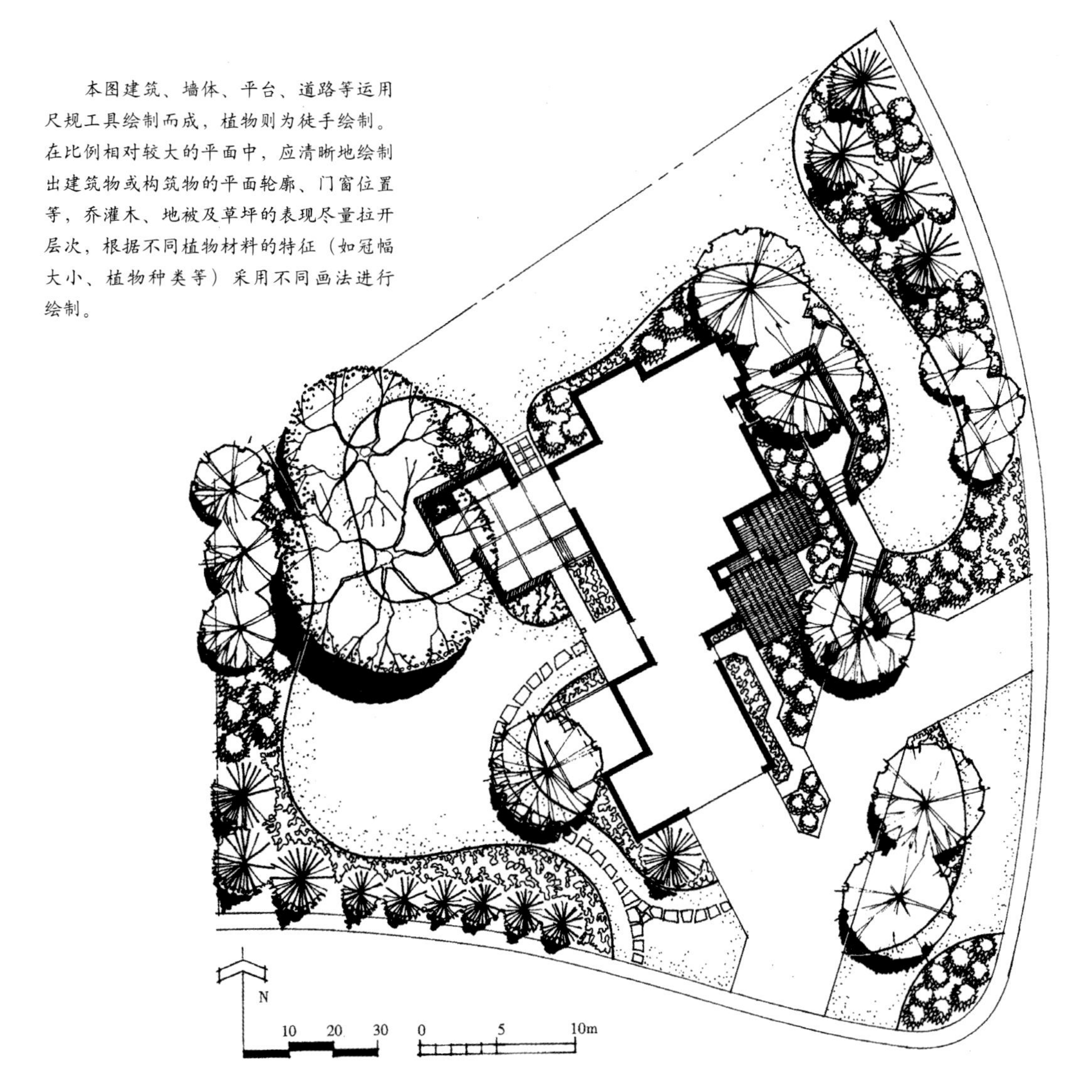

本图建筑、墙体、平台、道路等运用尺规工具绘制而成，植物则为徒手绘制。在比例相对较大的平面中，应清晰地绘制出建筑物或构筑物的平面轮廓、门窗位置等，乔灌木、地被及草坪的表现尽量拉开层次，根据不同植物材料的特征（如冠幅大小、植物种类等）采用不同画法进行绘制。

图4-1 角落地块的花园设计平面图（格兰特·W·里德，2010）

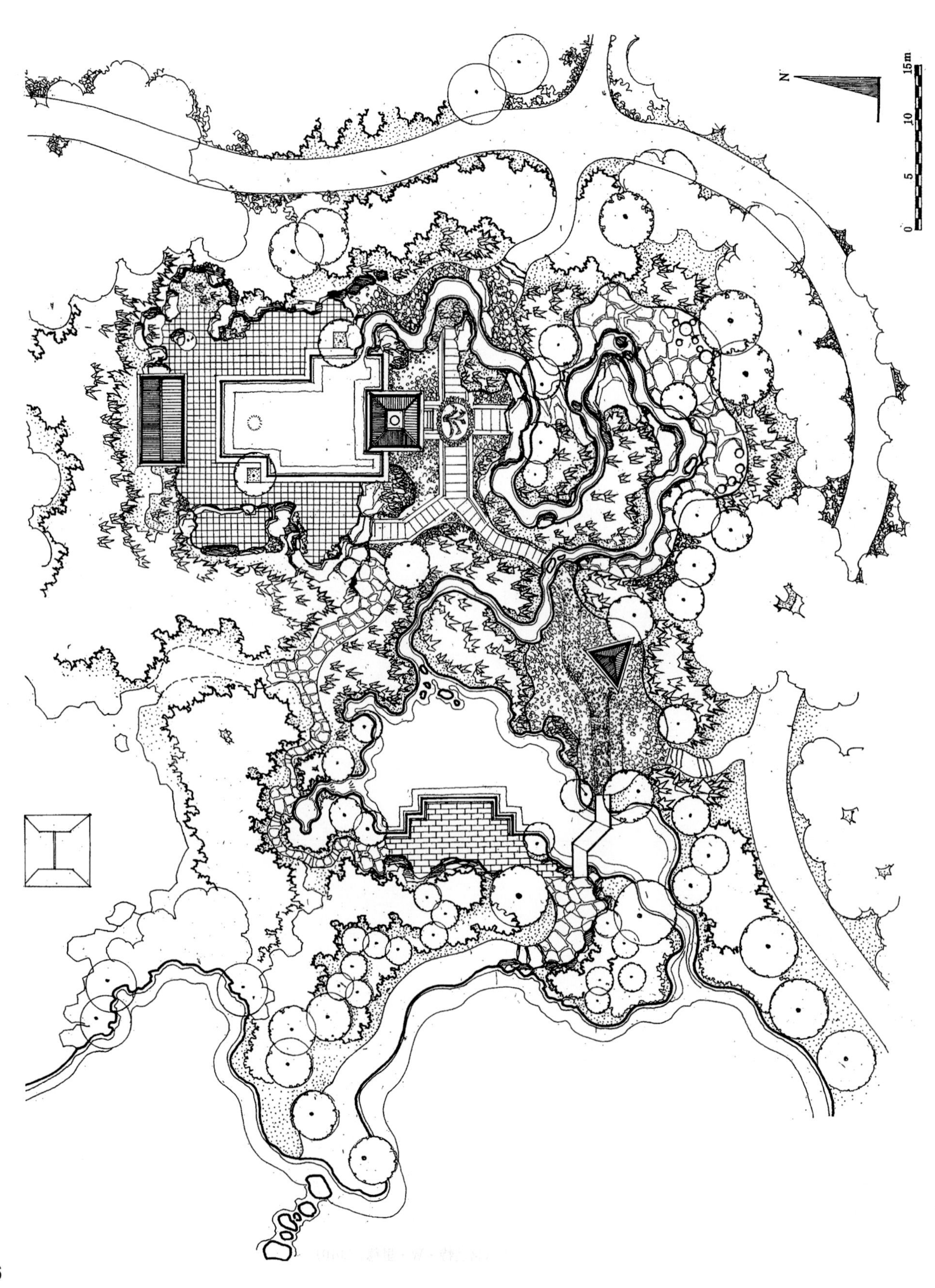

图4-2　公园局部平面图（北京市园林局，1996）

该图采用中国传统园林自然式布局的某公园局部平面图，绘制方式为尺规结合徒手的画法，画面重点突出，线型区分明确严谨，图面黑白灰层次丰富。

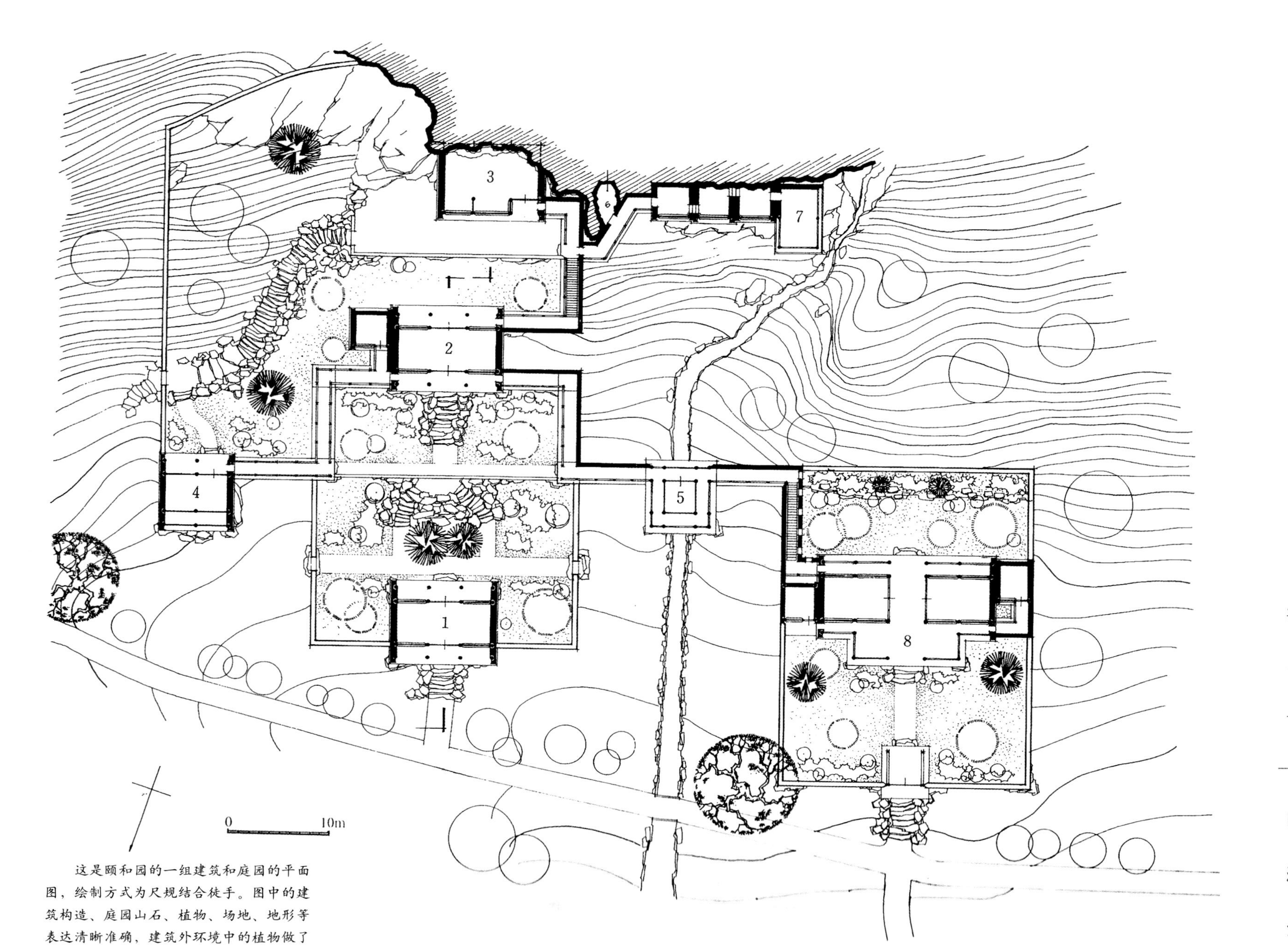

这是颐和园的一组建筑和庭园的平面图，绘制方式为尺规结合徒手。图中的建筑构造、庭园山石、植物、场地、地形等表达清晰准确，建筑外环境中的植物做了简化处理以突显主体。

图4-3 赅春园、味闲斋复原平面图（清华大学建筑学院，2000）

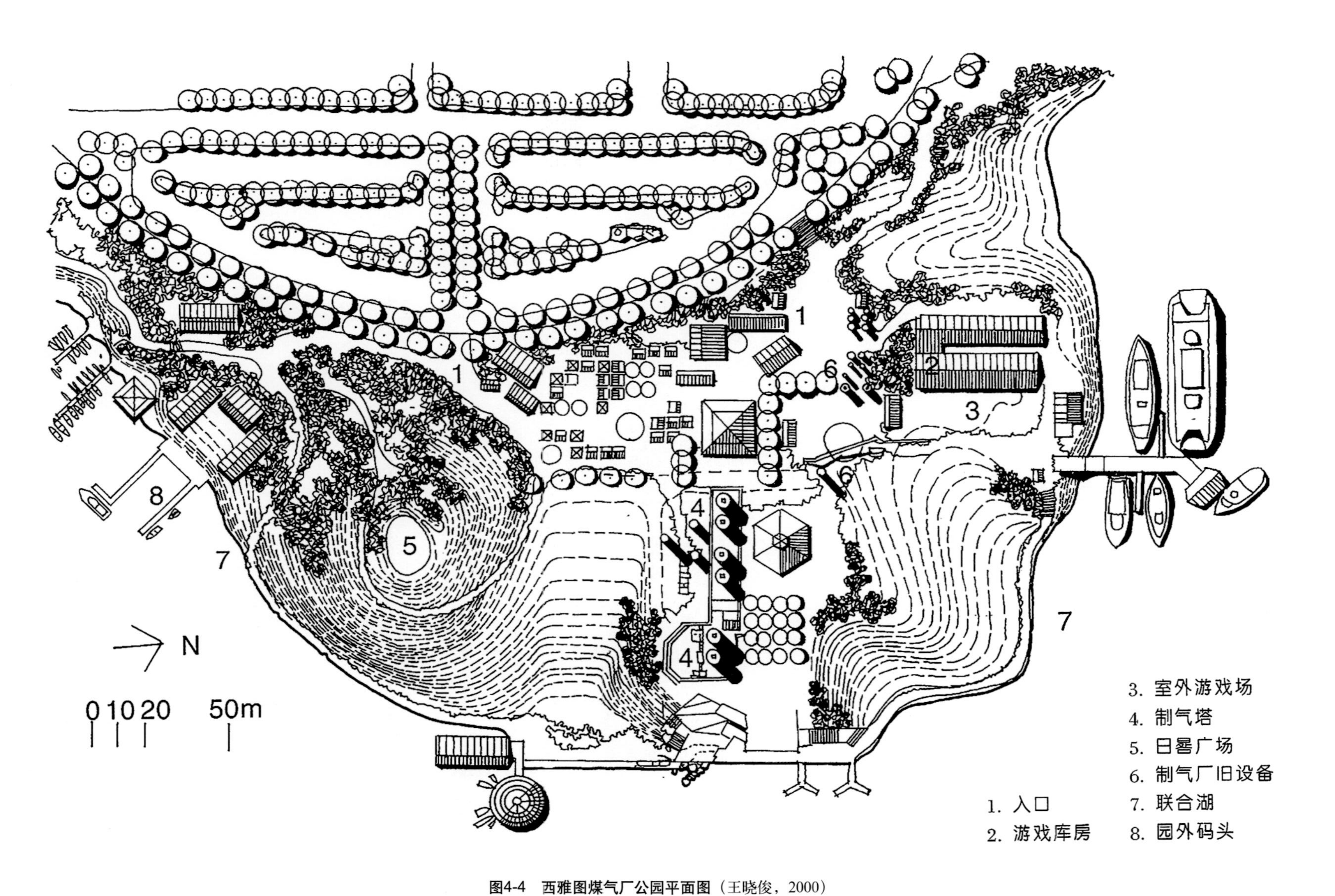

图4-4　西雅图煤气厂公园平面图（王晓俊，2000）

本图徒手绘制。黑、白、灰色调层次分明，重点展现各景观元素的基本布置和空间关系，适当描绘细节，树群画法特别，并绘制有多种不同形式的码头。

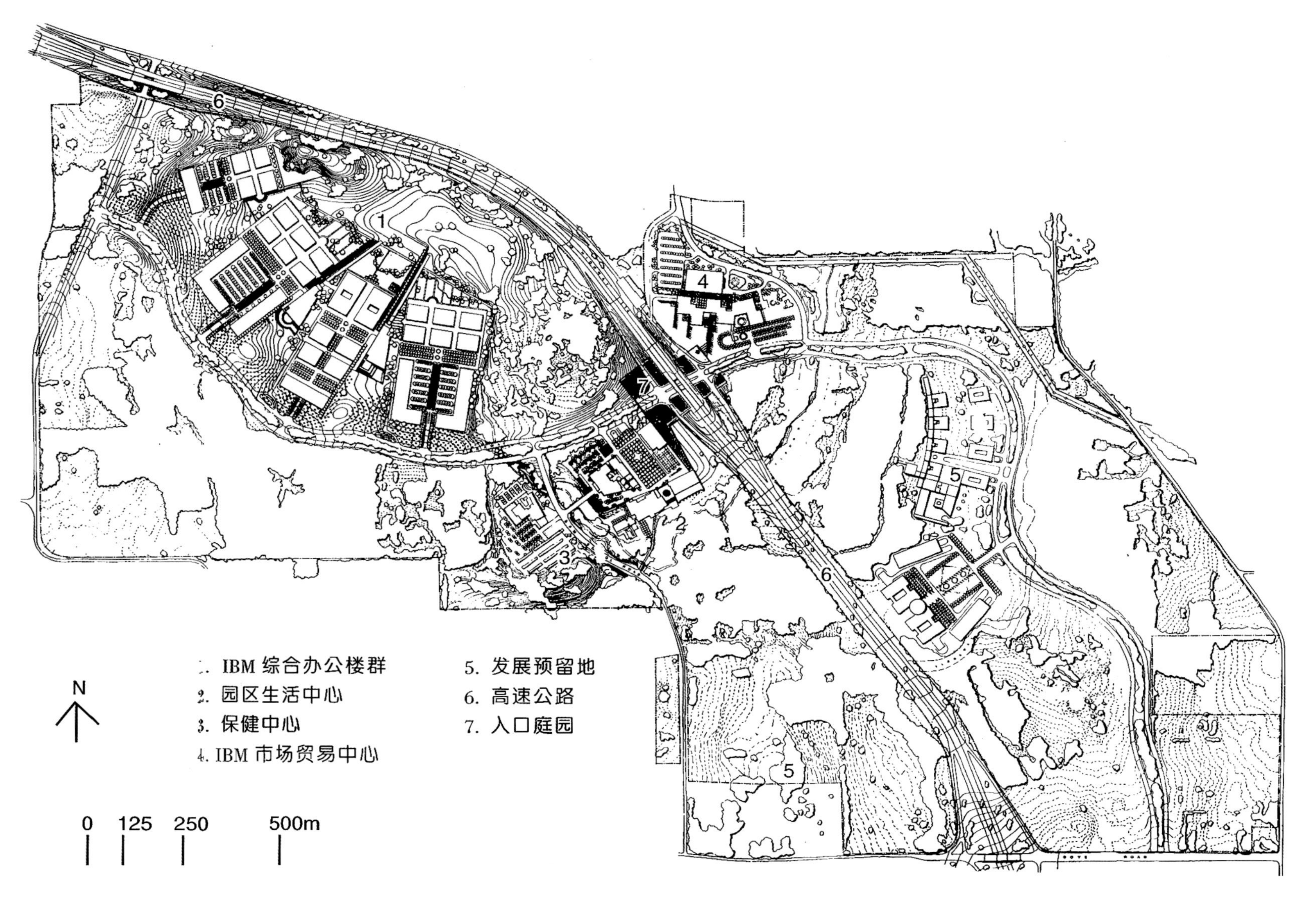

图4-5 IBM索拉那园区平面图（王晓俊，2000）

本图为较大面积的园区平面图。原图比例较小，重点表达环境布局和空间关系，对某些景物细部适当忽略。植物几乎全用云线表达，留白的树群与密集的等高线、建筑群等形成明暗对比，强调了画面的疏密对比和黑白灰关系。

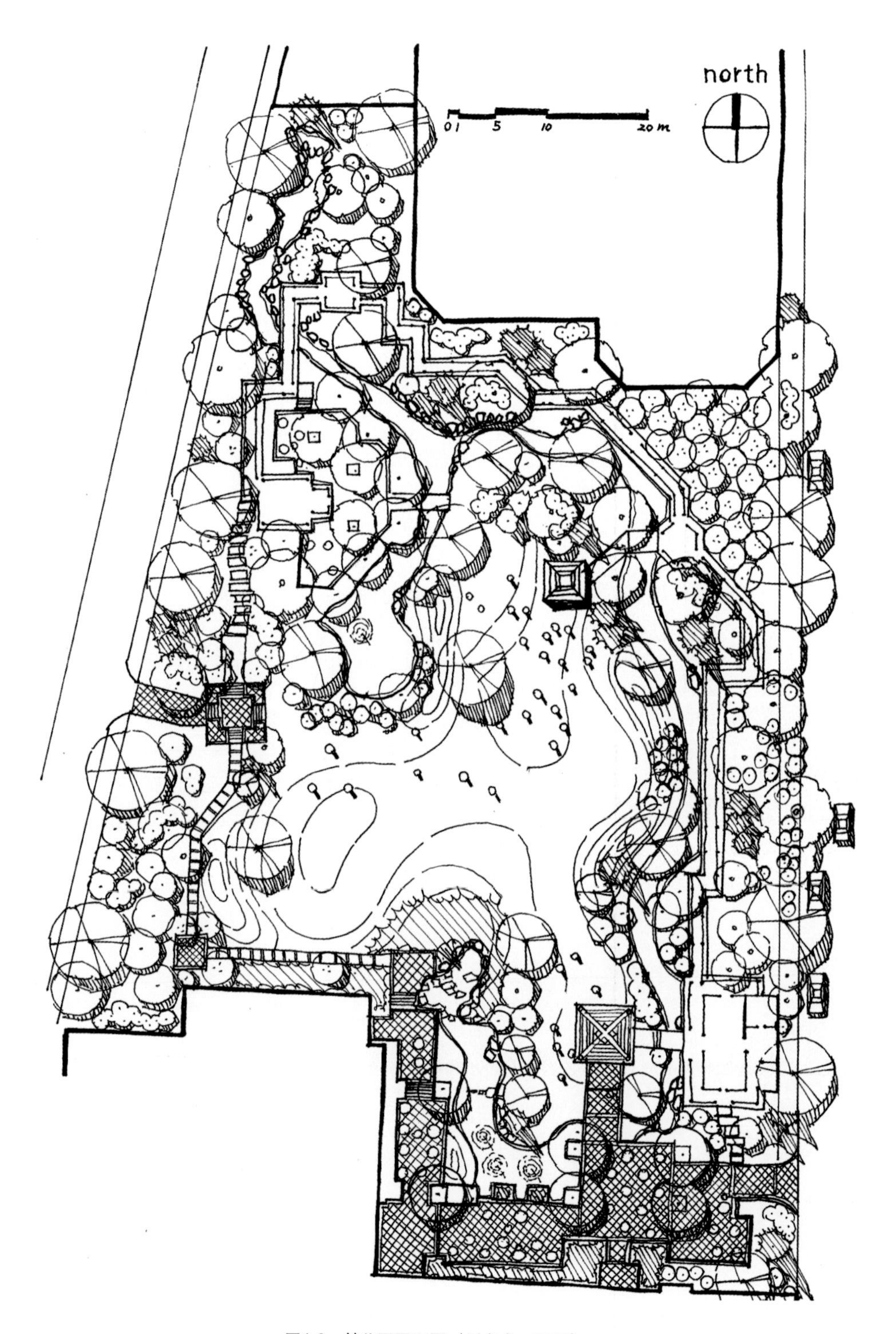

图4-6　某公园平面图（刘志成，2012）

画法为徒手快速表现技法，植物层次表达较为细致，中心的草坪曲线流畅，并于周围繁密的线条形成对比。

图4-7　雕塑园平面图（上林国际文化有限公司，2005）

本图空间结构为轴线对称式布局，为尺规结合徒手的画法，图面线型的种类较多，区分明显，细节表达详尽，并用黑色影子衬托和统一了各个元素，同时突出了画面黑白灰色调的对比。

注意事项：

①应严格按照设计比例进行绘制，图纸布局、线型、图例等应严格遵循国家风景园林及建筑制图标准。

②要求线条工整清晰，设计布局组织合理，构图均衡。各元素的位置安排、疏密分布等都是构图的重要因素。

③要求层次分明。如乔灌木与草地在刻画程度上应有所对比，相互衬托；植物部分与建筑、硬质铺装等，从线型和色调上都应有所区分。

④不同比例的平面图表现的重点不同。较小比例的平面图，如1∶1000、1∶800等比例显示的范围越大，内容越概括，细节刻画偏少；而大比例的平面图，如1∶500、1∶300等比例则显示的范围越小，需要表现出更多的细节，如道路边界、带座椅的树池等都需要画出双线，铺装的材质、植物的分类等都要表现的更加细致。

4.2 剖面图、立面图墨线表现

风景园林设计剖面图是根据平面图上剖切线所示的方向将空间进行剖切，进而用来表达设计对象在垂直方向上内部结构、空间及高度之间整体关联的图纸。图4-8为具有中国传统山水画风格的园林建筑立面图，绘制方式为尺规结合徒手的画法。画面近、中、远景层次分明，近景植物表现得十分细致，很好地塑造了密林环抱、诗情画意的氛围，并通过线条疏密关系和黑白灰色调的区分，来塑造虚实关系，加强画面的空间感。其他案例如图4-9、图4-10所示。

图4-8　颐和园绮望轩复原北立面图（张锦秋，2000）

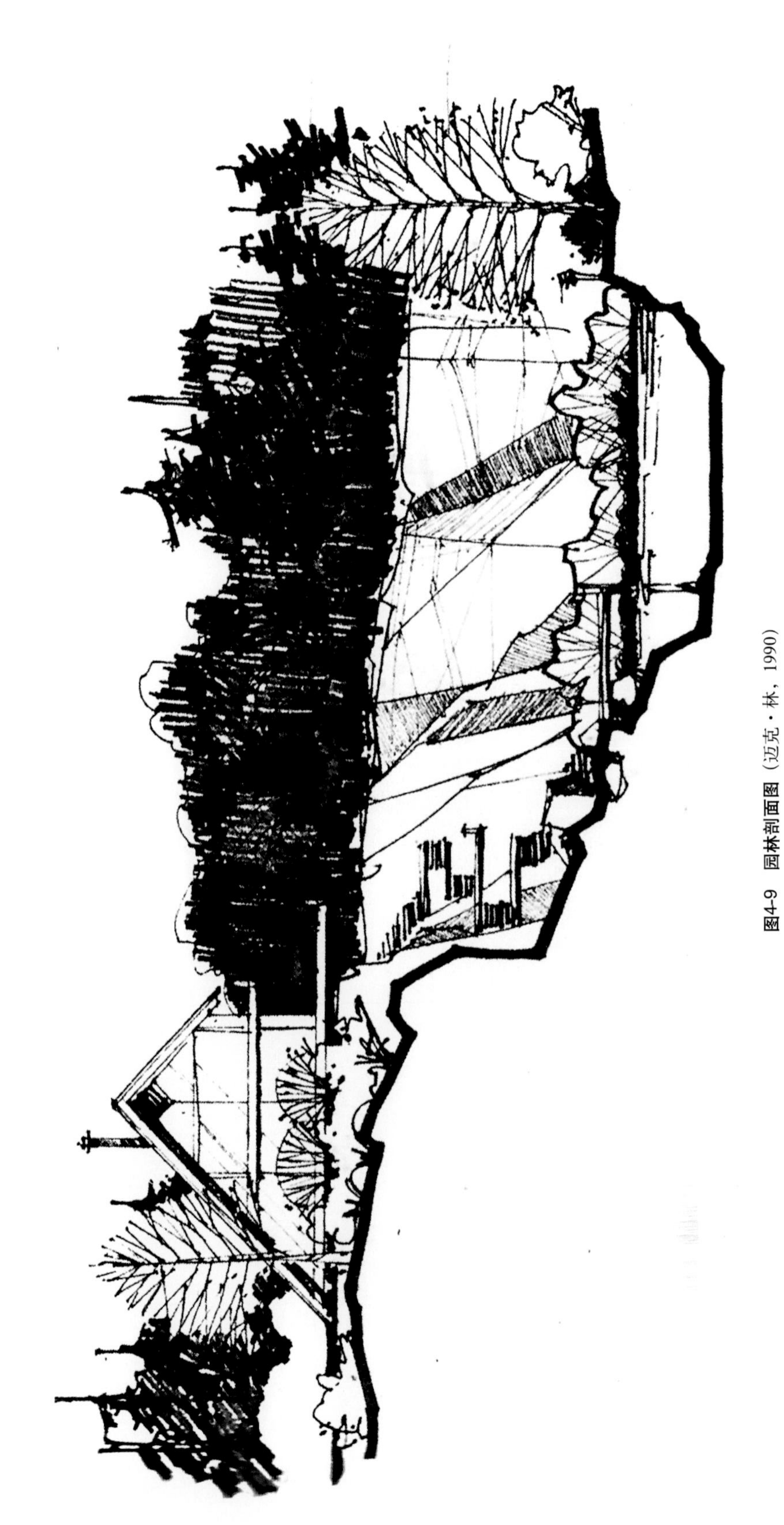

图4-9　园林剖面图（迈克·林，1990）

徒手绘制的建筑及外环境剖面图。线条自由、奔放，树木的表现有较强的风格。图中剖切地段的地势变化较大，清晰地展示了从驳岸到水体的结构，背景树丛的重色与前景的浅色形成鲜明的明暗对比，从而将空间进行划分。

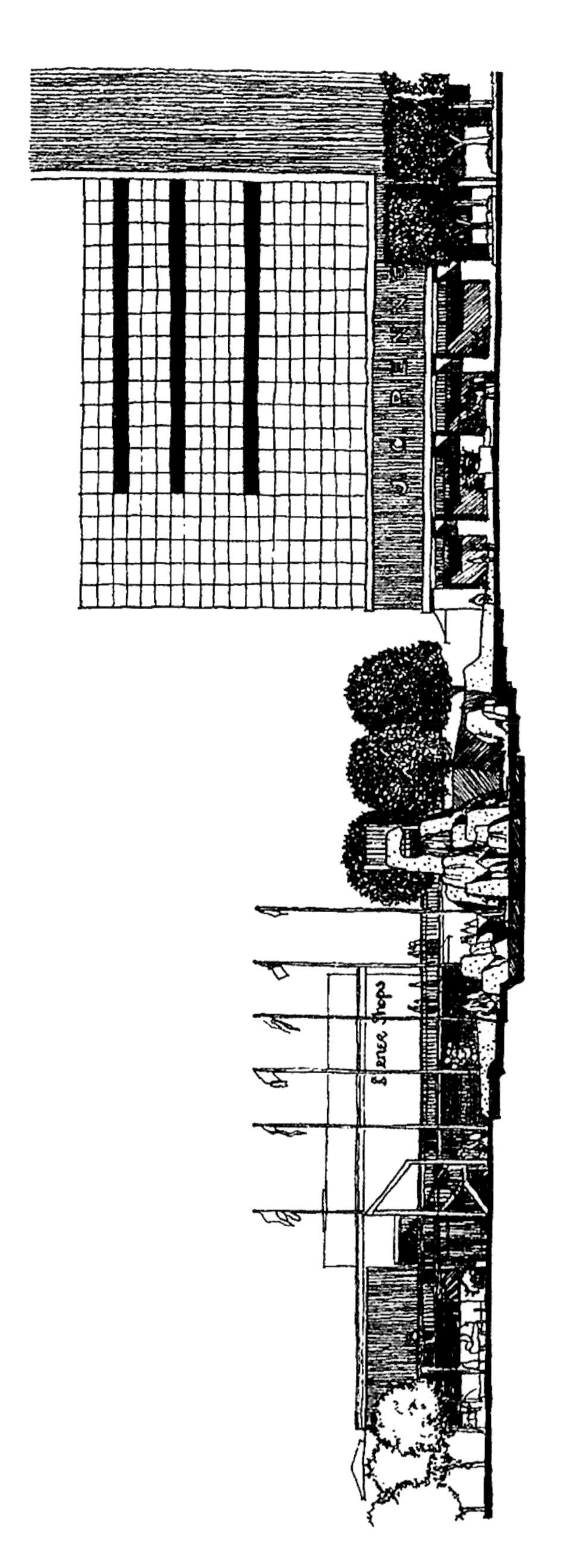

图4-10 城市广场剖面图（王晓俊，2000）

该图为徒手绘制的城市广场剖面图，用统一方向的整齐排线来塑造全图的明暗关系，植物、建筑、假山、旗杆等景观元素用不同明暗的色调相互对比衬托，体现出不同层次的空间环境。

注意事项：

①须严格按照设计比例来绘制，正式图纸中所绘制出的线型应遵照国家相关制图标准。线型的区分可以增强场景的虚实关系及画面黑白对比的艺术效果。

②应尽量与平面图的剖切位置或所示立面方向等进行对位排布，以方便制图和读图。

③剖、立面图的绘制多选取地形、天际线起伏变化较多、景观立面较丰富的地段，反之容易使画面显得单调乏味。

④绘制剖、立面图时，应注意景物前后层次的区分和相互遮挡关系。另外在水平方向上也要有主有次、有疏有密，使画面富有节奏感和韵律感。

4.3 透视图墨线表现

透视图是以平面图、剖立面图为表现依据，在二维空间表达出三维立体空间环境的图纸，一般描述的是人视点观察到的场景空间。透视图的绘制应着力于表现场景的透视关系、渲染环境氛围，强调艺术表现力等（图4-11至图4-13）。

透视图的墨线表现画法可分为单线勾勒与光影画法两种。前者仅用单线线条描绘形体与细部，后者还需适当排线以显示出阴影区域，并用阴影的分布、色调的深浅来强化画面的空间层次。

4.3.1 单线勾勒

单线勾勒画法的特点为清晰有力地呈现景物的主体特征，将比例、透视、结构、材料等细致地描绘出来，类似中国画“白描”的效果，基本不用排线表现大面积的光影。运用此画法绘图的大致步骤如下：①运用透视学原理，确定出图中视点、视平线、地平线的位置，并勾勒出大体的构图和各元素的位置，注意透视的准确性；②对画面中的近、中、远景加以区分，更进一步明确景观各要素的空间位置和主次关系；③逐步深入刻画，在所要表现的重点区域细致地表现出植物枝叶、铺装材质、屋顶瓦片、构筑物结构等细节，使得画面更加生动；④整理画面，拉大画面主次景物的对比，体现出画面强有力的空间层次。

图4-11 小区透视图（王志伟等，1991）

尺规结合徒手绘制的透视图。构图美观、明暗对比强烈，建筑外墙材料、植物枝叶等表现得纤毫毕现、细致清晰，视觉效果极佳。

图4-12　城市广场透视图（钟训正，1985）

徒手绘制的透视图，线条分明、流畅，画面清晰、细致。全图不涉及光影的表现，运用单线描绘景物轮廓和刻画物体细节，运用线条的疏密变化塑造整体画面的黑白灰调子，画风工整、透视准确、场景表现生动。

图4-13 雨山湖公园透视图（同济大学建筑系园林教研室，1986）

尺规结合徒手表现的公园透视图，整幅画面主次明确，构图美观，明暗关系恰当，建筑小品结构清晰，植物的线型种类多样。乱线的表达概括而生动，草坪的细密感，不同植物材料的特点都得到了恰当的表现，很好地渲染了自然、静谧的环境氛围。

图4-14 光线从物体背面、左前方、右前方照射而来的阴影
（R·S·奥利弗，1984）

4.3.2 光影画法

光影的绘制有助于增强物体立体感与真实感，也可以作为强调画面重点和创造某种艺术效果的手段。为了更准确地表现光影，应先了解实际环境中光影的分布和变化情况。图4-14展示了不同方向的光源下阴影的变化。

光影画法根据是否绘制形体轮廓线分为两类。第一类是不勾勒景物的轮廓线，通过打点、排线的方式体现物体形态，强调明暗与体量感，形体轮廓线“同化”在排线中（图4-15、图4-16）；第二类是先用单线勾勒物体形态，显示形体与细部轮廓及阴影区域，然后根据光影的位置来给阴影部分加上色调，使得单线与色调在图中同时体现（图4-17），这种画法也是更为常见的透视图墨线绘制方法。

以第二类画法为例，绘制步骤大致如下：①运用透视学原理，确定图中视点、视平线、地平线的位置，并勾勒出大体的构图和各元素的位置；②进一步用单线刻画各个元素的细节，使形态进一步深化；③拟定一个光源方向，根据光影分布原理确定画面黑白灰调子的位置，运用打点或排线的方法绘制出场景中的明暗变化，根据线条疏密对比来体现光影的强弱和空间的虚实；④统一整个画面，强化主景的轮廓线和重要结构线，增强主体与背景的明暗差异，使得画面的主次更加分明，空间感更加突出。

注意事项：

①注意画面透视的准确度及构图的均衡感。

②对于单线勾勒表现来说，不能忽略主次景的对比和明暗关系，否则画面效果会显得灰和单薄，可以通过细致刻画重点部分的细节来增强与非重点部分的明暗对比，拉开虚实差距。

③对于光影画法表现来说，画面中黑白灰色调的分布由光源的方向以及画面重点来决定。排线时注意线条的方向与长短，尽量使线条排布有一定的规律可循，避免色调过于凌乱影响画面效果。

其他参考作品详见图4-18至图4-20。

图4-15 影调画法（1）（R·S·奥利弗，1984）

图4-16 影调画法（2）（小威廉斯·H·米尔斯，1986）

图4-17 城市建筑透视图（R・S・奥利弗，1984）

图4-18 城市建筑透视图（Golden Grice，1999）

采用上述第一类光影画法，画中物体没有勾勒轮廓线，整幅画面以打点的方式绘制而成，利用明暗对比来区分不同块面。绘画风格写实逼真，黑白灰色调过渡自然、细腻。

图4-19 休闲广场透视图（钟训正，1985）

采用上述第二类光影画法，既有对形体、细部的单线勾勒，也有以排线的方式表现铺装及建筑的光影，画面黑白分明，呈现了很强的场景感。前景植物与天空留白，在构图上实现空间的划分。

图4-20 建筑小品（冯强，1992）

全图大部分以排线和打点的方式来表现黑白灰色调的过渡。建筑背光部的排线借助尺规绘制，道路、植物、配景为徒手绘制。植物的表现大胆奔放，运用大片黑色来加强画面的明暗对比，产生了极强的视觉效果，使得画面具有一定装饰色彩。

4.4 鸟瞰图墨线表现

鸟瞰图是用高视点的透视画法，从高处某一点俯视地面所绘制成的立体效果图，它能够展现环境的总体空间特征和各要素之间的关系。除了视点位置选取的差别，它和透视图的透视原理一致，表现要点相似（图4-21至图4-24）。

鸟瞰图的大致绘制步骤如下：①根据平面设计图，选择合适的角度与视高，并根据透视原理建立画面整体布局。由于鸟瞰图的绘制图幅通常较大，故这一阶段可先用铅笔勾勒出草图。②进一步将植物、建筑外形、场地道路、人物配景等景物一一描绘出来，形成较为完善的草图。③用墨线笔按照铅笔所绘制的草图将各种景物确定下来，可按照先近后远的顺序进行进一步细化绘制，同时根据近实远虚原理，详细刻画前景，适当刻画中景，简单勾勒远景，要注意景物之间的前后遮挡关系。④根据光源投射方向，画出鸟瞰图中各个景物元素的阴影，增强画面的明暗对比，形成具有黑白灰多个层次的画面效果。

注意事项：

①作图时应保证透视的准确性。

②地形的表现是绘制鸟瞰图的一个难点，注意利用光影的变化塑造地形的起伏。

③对比关系是鸟瞰图着重展现的部分，如注意体现大面积宽阔的水面、草坪与密林、建筑群形成舒朗与密集的对比，以及通过把握好空间的近大远小、近实远虚的关系，往往能增强画面视觉效果。

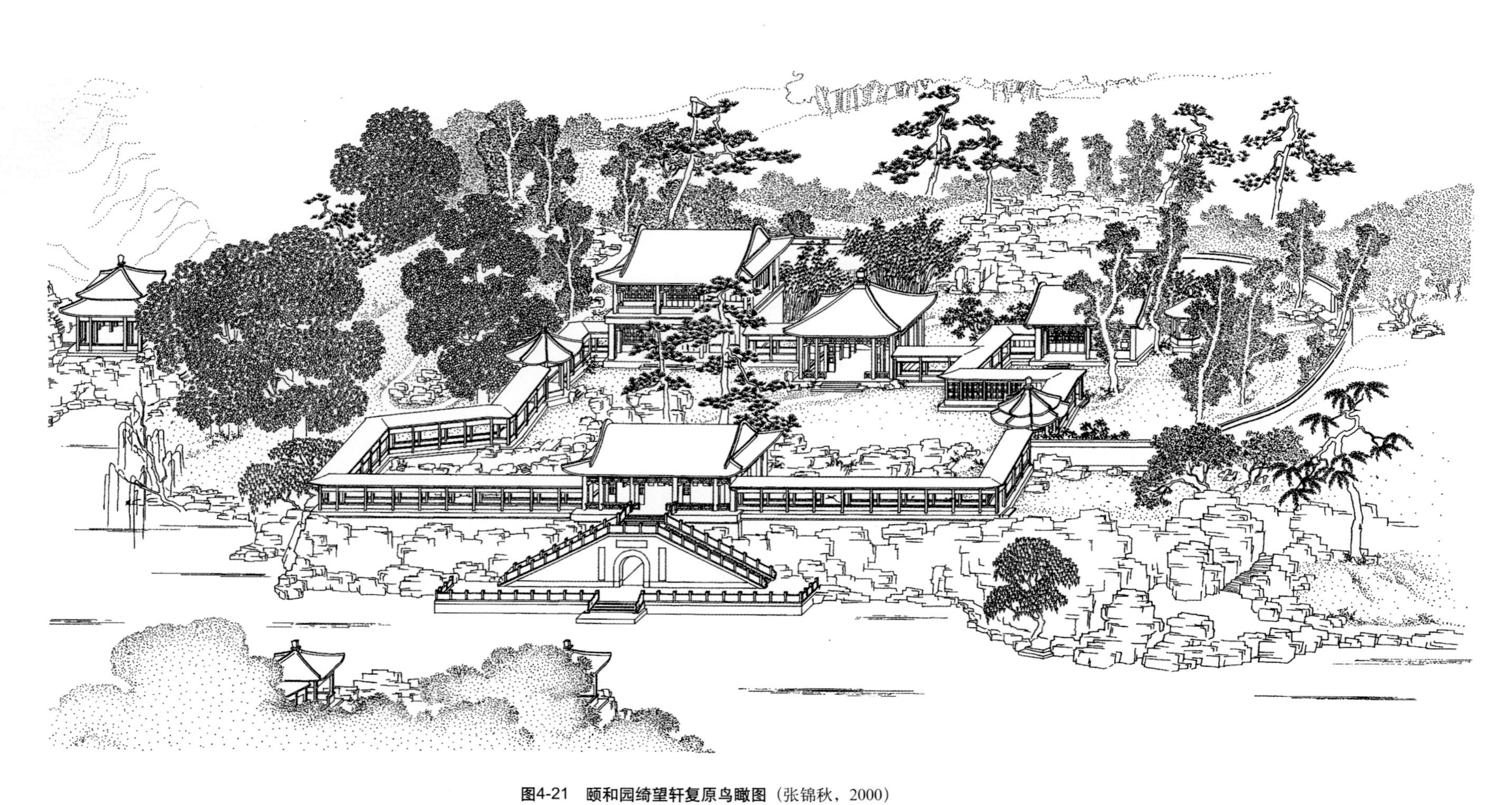

图4-21 颐和园绮望轩复原鸟瞰图（张锦秋，2000）

本图为颐和园中一组建筑群鸟瞰图，绘画风格颇具中国传统山水画的意蕴，画面近、中、远景层次分明，中景的建筑体为重点刻画对象，植物姿态富有动感，枝叶表现细致入微。

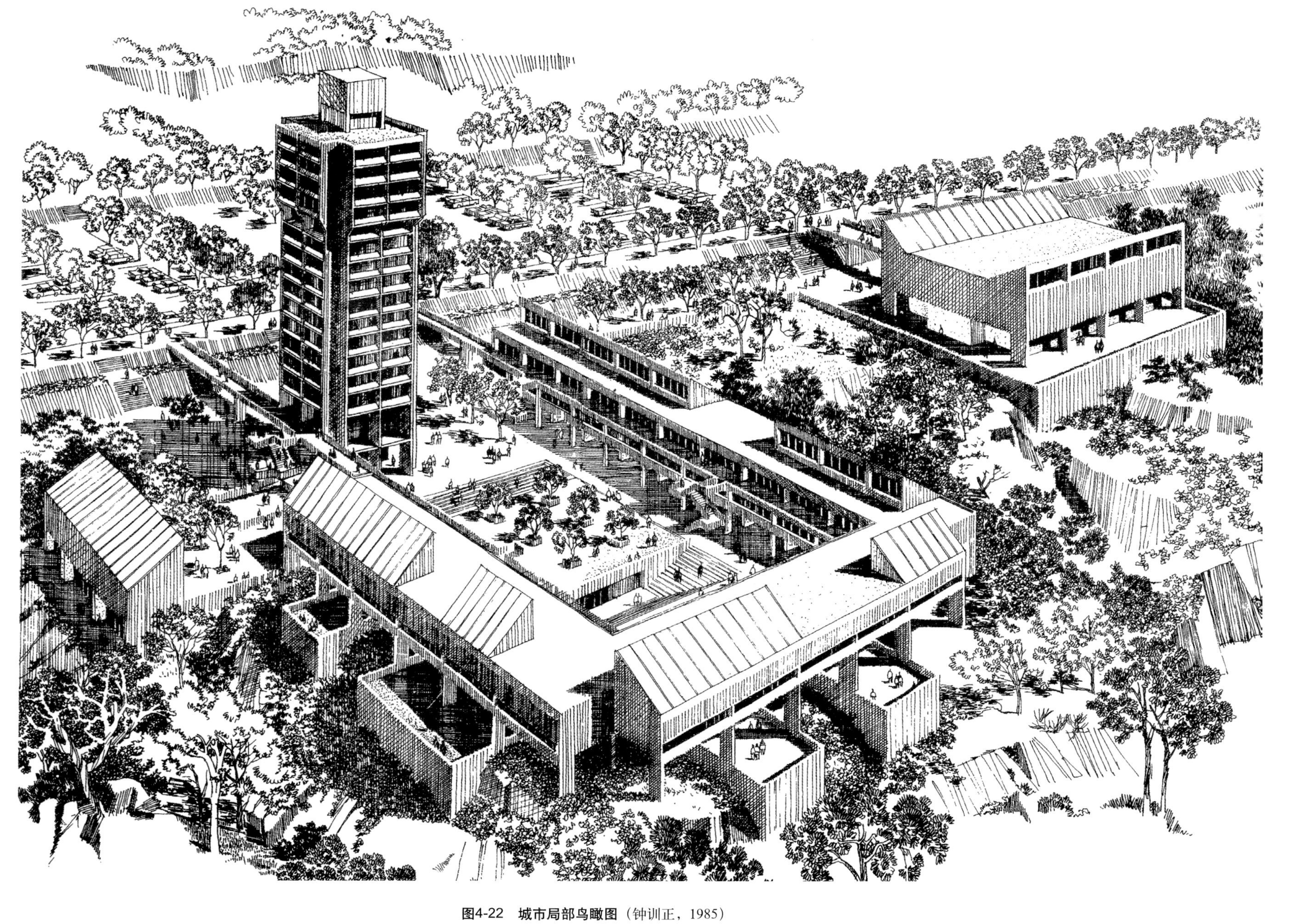

图4-22 城市局部鸟瞰图（钟训正，1985）

全图用整齐的排线结合单线勾勒的方式进行表现，体现出整个场景较强的光影感、立体感、空间感。

图4-23　山林鸟瞰图（吴良镛，1991）

画风写实，用笔工整细腻，空间层次丰富，各个景观元素的细节及明暗表现都细致入微。前、中、远景的刻画依次减弱来展现空间的虚实变化，增强了画面悠远的意境。

图4-24　陶然亭公园鸟瞰图（北京市园林局，1996）

本图展现的是较大场景的鸟瞰，线条流畅概括，形态简约生动。采用中国传统山水画的画风，表达出较强的古典韵味。

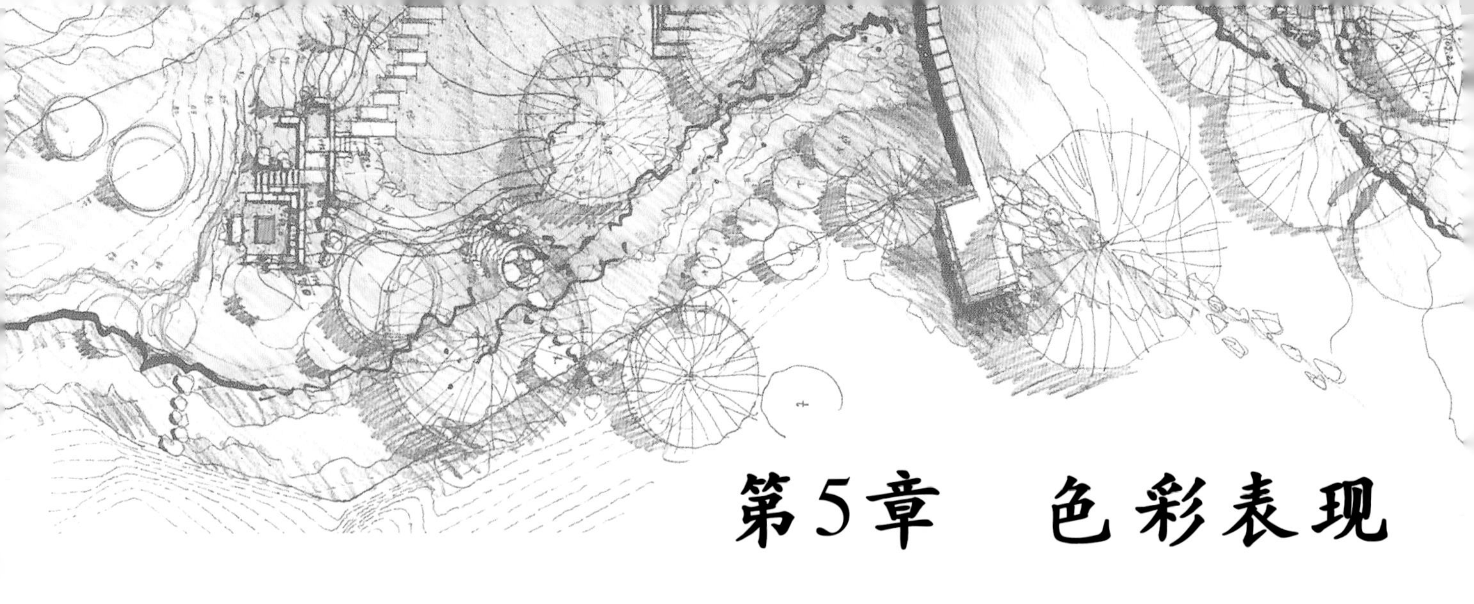

第5章　色彩表现

色彩表现是风景园林设计表现中重要的表现方式之一。对色彩学的研究不仅能使初学者对色彩的基本知识有所了解，而且能够提高其审美能力和专业素养。在风景园林设计表现技法中，有关色彩的表现方式主要有渲染、钢笔淡彩、马克笔表现、彩色铅笔表现及其他表现形式等。

5.1　渲染

渲染的类型有水墨渲染、水彩渲染、水粉渲染、透明水色渲染等，由于技法相近，本章主要介绍水彩渲染和水粉渲染的具体内容。在渲染前应做好裱纸工作。裱纸有不同的方法，比较简单的方式是利用水胶带进行裱纸，简要步骤如下：先将画纸和水胶带分别刷水浸湿，将画纸自然平铺在画板上方，用水胶带一半贴在纸上，另一半贴在图板上，将画纸的四周完全密封，不能留任何空隙。自然晾干画纸以备使用，晾干后的画纸应变得平整。

5.1.1　水墨渲染、水彩渲染

水墨渲染是一种传统的表现技法，是用水来调和墨汁进行逐层上色，用墨汁的明、暗、浓、淡结合叠加、退晕等渲染技法来表现对象的形态、光影和材质的渲染方法。参考作品见图5-1。水彩渲染则是用水来调和水彩颜料进行渲染、绘制表现图的传统表现技法，渲染技法与水墨渲染近似，参考作品见图5-2至图5-6。

水墨渲染与水彩渲染用水量较多，并在绘制过程中反复涂刷，故对纸张的要求比较高，以质地坚实、韧性好的水彩纸为佳。水墨渲染和水彩渲染所用的笔具相同，在渲染时需准备吸水性好的羊毫，或者大、中、小白云共3支以上，板刷1个。

图5-1 中国清式建筑局部水墨渲染（黄秀玲，1953）

作品为传统的水墨渲染表现，通过色彩的明度色调来体现整幅图的色彩基调，建筑细部图案刻画细致。整幅画面色调和谐、过渡自然、黑白灰层次丰富。

图5-2 欧式建筑（Gordon Grice，1999）

作品构图别具一格，画面色调和谐统一、色彩通透，明暗处理分明，画面由远及近逐渐推进，天空和建筑采用退晕法色彩层次拉开，远景和天空相融增强了画面的虚实关系，建筑纹理刻画极为细致。

图5-3 清式垂花门（田学哲、郭逊，1999）

作品为水彩渲染的清式垂花门，天空的渲染与左侧的绿色柱子以退晕为主，屋檐下的阴影、墙面阴影层次清晰、颜色透亮。全图色彩轻盈，重点突出，细节精致。

图5-4　浙江民居图（李晓光，1986）

作品表现的是江南水乡的景色，画面中的石桥颜色相对较浅并且偏冷，与建筑墙体、路面形成色彩和肌理上的对比。植物笔触灵活生动，一气呵成，远景植物和天空融合交映，并与深绿色的近景树形成色彩上的反差，从而增强空间的深远之感。整幅作品色彩清透统一，材质处理细致，表达了江南水乡特有的风韵。

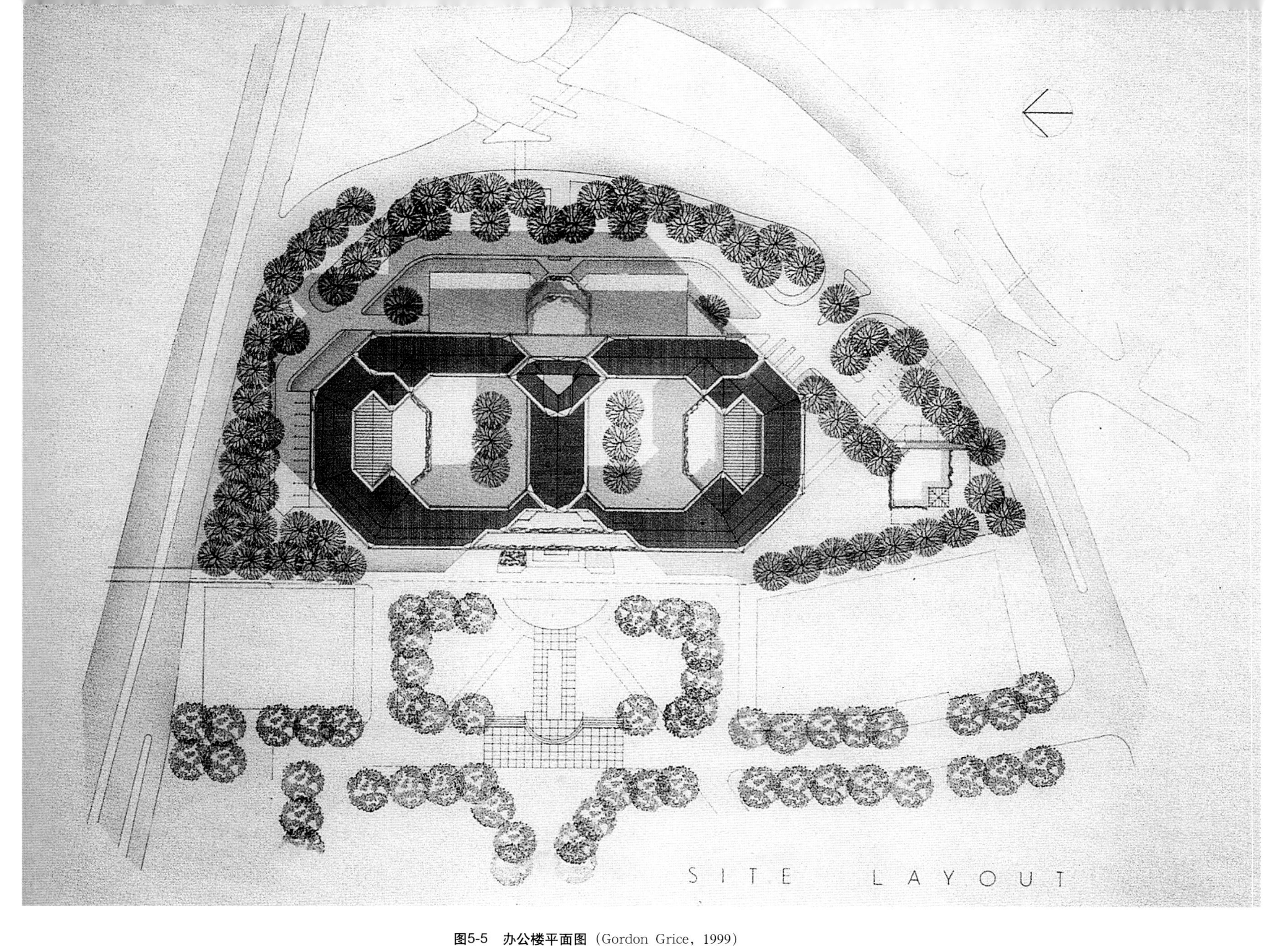

图5-5　办公楼平面图（Gordon Grice，1999）

作品为水彩渲染的建筑平面及外环境设计，画面干净、工整，色调统一，渲染技法娴熟。其中，植物的渲染有主次之分，烘托了建筑主题。

图5-6 多伦多港俯视图（Gordon Grice，1999）

5.1.1.1 技法介绍

渲染的笔触技法多种多样，包括平涂法、退晕法、接色法、吸擦法、叠色法、喷色法等，其中退晕法、接色法多属于湿画法，即趁第一层颜色湿润时进行下一步的色彩处理；叠色法、喷色法多为干画法，即待第一层颜色晾干后方可进行下一步色彩的处理。水墨渲染的常用技法与水彩渲染类似，区别在于水墨渲染的具体技法不涉及接色法等与色相变化有关的技法。本章关于渲染技法的介绍以水彩渲染为例，水墨渲染和透明水色渲染技法的具体内容均可参照此技法。详见表5-1。

表5-1 水彩渲染技法

技法介绍	图 示
平 涂 平涂法常用于表现无明显色彩变化的、均匀的平面。首先，将画纸裱好，确定好要平涂的区域，将颜料和水调制到合适的浓度，用画笔蘸满色水，从左上角至右下角按一定顺序均匀地涂刷在纸面上，如颜色不够均匀，可重复此过程，如色水过多，可将积水引至区域末端，用干笔将积水吸干。平涂法要求绘制时力度均匀，边界齐整	
退 晕 退晕法常用来表现色彩从浅到深或从深到浅的均匀变化，如有均匀色彩变化的天空、铺装、水体及建筑外立面的光影等。具体做法如下：在渲染过程中，如从深到浅，将笔蘸满调好的色水，从需要的位置开始运笔，过程中逐渐加水慢慢稀释颜料，直至画面结尾处。如从浅到深，可调制较浅和较深两种色水，运笔过程中逐渐添加较深的色水直至画面结束，最后将多余的积水引至区域末端，用干笔将积水吸干	
接 色 接色法是指多色之间的过渡，常用于表现色相较多变化的物体表面，接色法分为干接法和湿接法。干接法即用笔在预设区域内的一端渲染第一种颜色，再在此区域内的另一端所需位置渲染另一种颜色，两种颜色在交接处用清水轻刷，尽量使得交接处无接痕；如需多色相接，可重复此操作。湿接法是指第一种色水在运笔过程中趁湿直接加入另一种色水来完成色彩的过渡，此方法要求对色彩浓度变化有较好的掌握能力	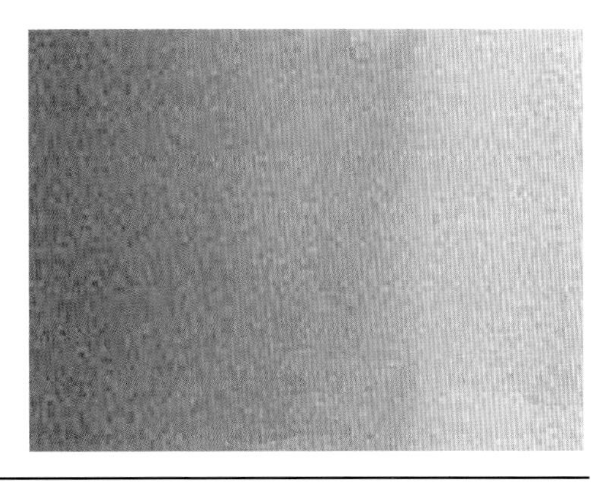

（续）

技法介绍	图 示
吸 擦 吸擦法常用于渲染有云的天空、反光的铺装、玻璃、金属等材质，即在已经渲染过的画面上进行二次加工，来获得特殊的画面效果。如渲染有云的天空，趁颜料半干时，用柔软的绵纸在需要的位置处进行按压吸附，使画面产生无规则边界感的浅色色块，力度的不同可使得色彩的浓淡有相应差异，以产生丰富的色彩变化；另外，在涂好颜色的色块未干透时，用削尖的橡皮迅速“擦”出光亮的条痕，用来表示物体的反光，也可根据不同材质的纹理模仿绘制出相应的图案，如大理石纹路、木纹等，都能达到较逼真的效果	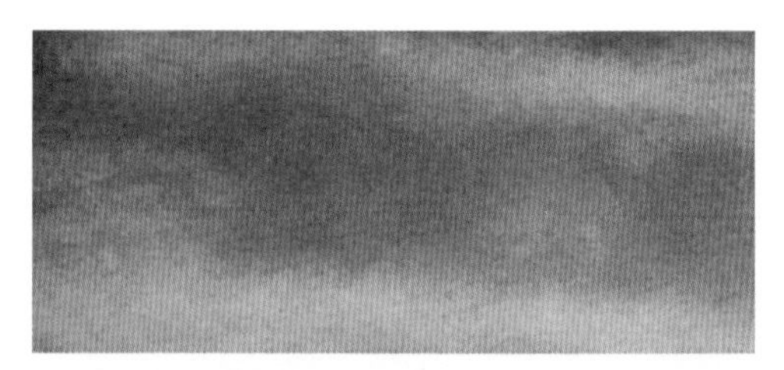 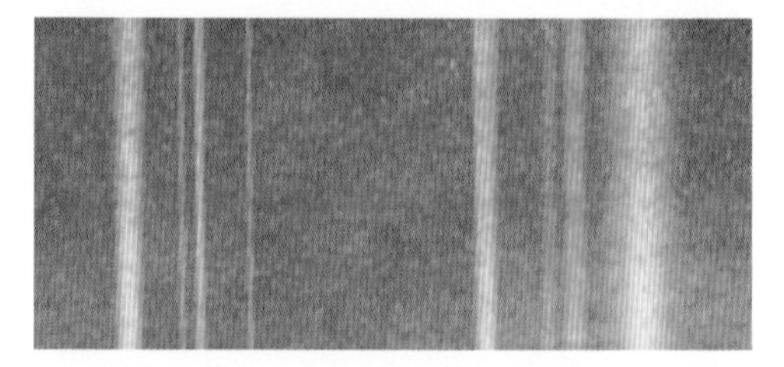
叠色与综合叠色 叠色法属于干画法，当第一层颜色彻底晾干之后再涂第二层颜色，达到逐渐加深色块的效果，如渲染物体的阴影、暗部区域等。综合叠色法是指在用水彩渲染好的画面上，为了获得丰富的肌理或材质效果，可用彩色铅笔、钢笔等进行二次绘制，以获得丰富的画面层次。如底色较深，可用浅色笔进行加工绘制，反之用深色笔。用笔的笔触多以排线或模仿材质纹路为主	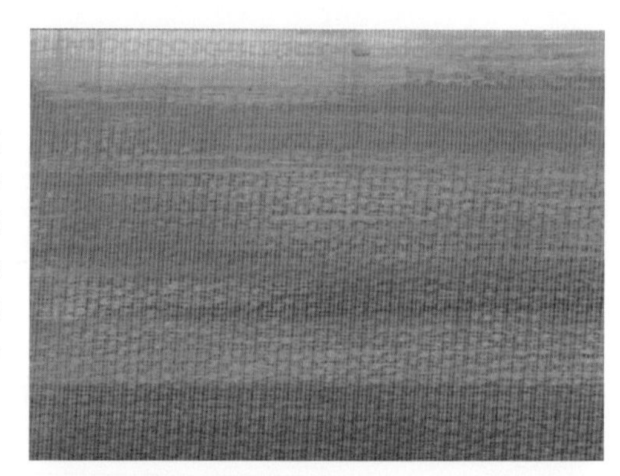
喷 色 喷色法常用于绘制均匀的色块，如天空、铺装等较大面积较为规整的物体。具体做法：利用喷枪将调制好的色水喷于指定的区域内，从而获得均匀的效果，画面效果也更加逼真。喷色法有时也用于修改不够均匀的画面。值得注意的是，在喷色之前，应对非喷色区域进行遮盖，以免使画面中物体失去清晰的边界	

5.1.1.2 绘制步骤

概括来说，水彩具有透明性，不具覆盖力，画法以多层次进行叠加为主，着色顺序为由浅到深逐步渲染，高光预先留出。水墨渲染和水彩渲染的步骤一致，渲染时的关键步骤和示例如下（图5-7）：

①清洁图面，绘制底稿 由于水彩颜料没有覆盖力，故用铅笔绘制底稿时一定要轻轻打稿，保证线条的清晰度。另外，铅笔起稿时需使用尺规作图，以保证形态的准确性和严谨度。

②确定底色，区分层次 底色是画面的总体基调，是指画面的综合色彩氛围。画面的色调会受日光、季节、气氛等因素的影响而呈现出相应的色调倾向，例如，若画面里的所有物体均笼罩在晴天的阳光下，整个环境便呈暖色调，为了取得画面的统一，可先调出接

图5-7 水彩渲染的一般步骤图（童鹤龄，1998）

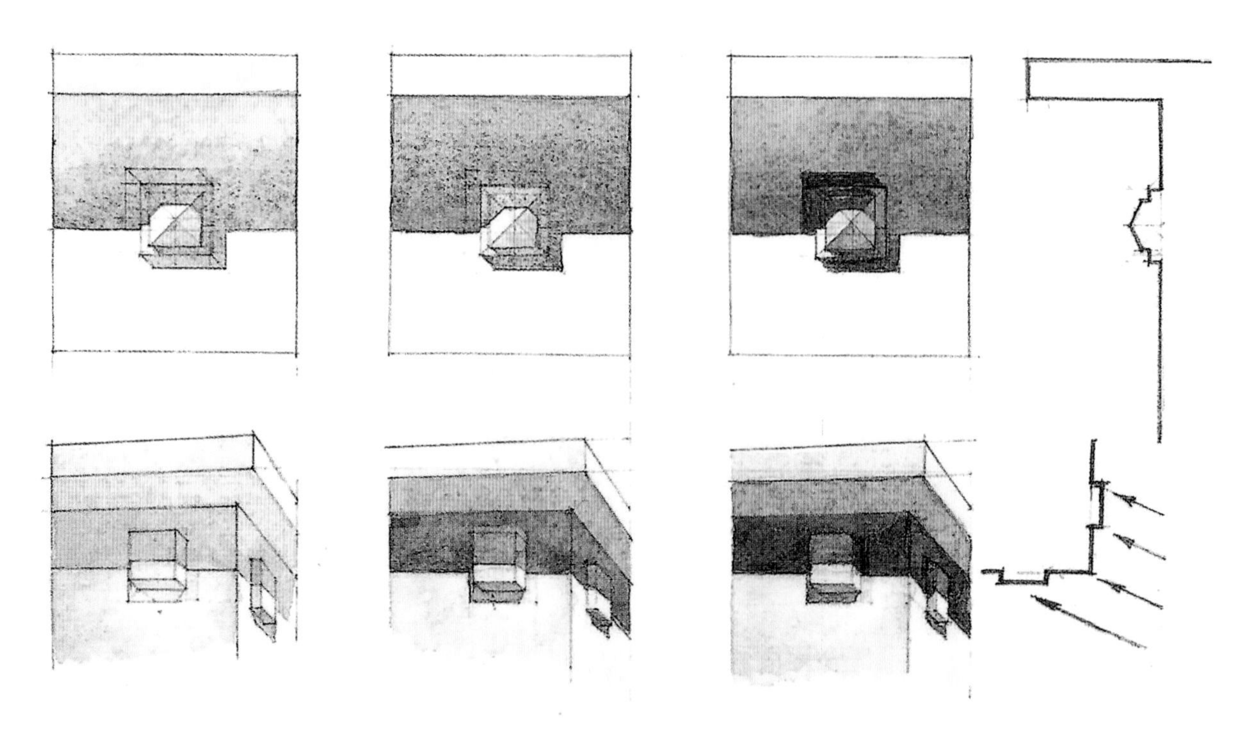

图5-8　水彩渲染阴影的程序（童鹤龄，1998）

近原画面的暖黄色色调，用平涂法将整个画面淡淡地平涂一层，待颜色晾干后，再铺画面中的天空、建筑等各景物元素的底色，进而将不同色调和色度的景物逐渐区分，从而拉开画面的色彩层次。

③渲染光影，加强对比　景物的光影会加强画面的层次感，故渲染画面主体物及其他景物的阴影为较重要的一步，为避免阴影之间的色调产生生硬的连接，故不宜从局部区域开始上色，应从同类色的阴影部分整片渲染，从而达到色调和谐的效果（阴影的具体上色程序如图5-8所示）。此外，渲染时也应考虑同一块区域的色彩过渡与变化，可采用退晕法进行渲染。需要注意的是，不同远近的景物的色相、明度对比均不相同，近景的色彩对比程度相较于远景强烈一些。

④精细刻画，立求统一　在阴影渲染基本完成的基础上对画面的空间层次、主体对象、材料质感等进行深入细微的刻画。特别要针对画面的主体部分进行更为细致的刻画，但不能脱离整体的色彩关系。另外，在较小范围的色块内进行渲染时应做到色彩富有变化但不能过于琐碎、突兀，画面整体色彩的统一仍是至关重要的。

⑤刻画配景，烘托主体　在渲染的最后阶段需对画面的配景进行刻画，进一步烘托主体、丰富画面。树木、草地、地面、远山、人物、汽车等配景都应和画面的主景色调融合成一体，用笔应简洁概括，不宜过杂，尤其是前景及远景处的植物单体，尽量一气呵成。

在风景园林设计表现中，植物占的比例较大，很好地起到烘托整体环境气氛的作用。

在渲染时应先画远景树，再画近景树。远景树色浅且对比较弱，常与背景相融合；近景树刻画相对细致，且通常情况下颜色较深，可以覆盖已完成的浅色区域。另外，渲染植物时应用笔流畅，一气呵成，同时不要忽略植物的优美姿态（图5-9、图5-10）。

注意事项：

①渲染所用笔具需在使用前用热水将笔头浸开，使用后将笔具彻底清洗，而后保存。

②渲染图在起铅笔底稿时，不宜用过硬的铅笔或绘制过深的线条，宜用软铅绘制较细且较清晰、流畅的线条，这样渲染之后铅粉易被水洗刷，对画面效果没有太大影响。起稿时应尽量避免出错，也不宜用橡皮反复擦涂铅笔线条，否则会使纸张的表面变“毛”，影

图5-9 水彩渲染植物的程序和示例

（a～c童鹤龄，1998、d～g杨文俊、柴海利，1994）

图5-10 水彩渲染植物示例（童鹤龄，1998）

响后期上色。

③干画法通常在前一层颜色彻底晾干后再覆盖新的颜色。由于干画法着色的层数较多，最后呈现的效果往往是几种颜色的叠加，色彩容易变“脏”变“灰”，故在绘制时不要混合过多的颜色或绘制过多遍数。

④水彩渲染的操作工序较为繁复，制作用时较长，且要求层次丰富、做工精致，故初学者应克服急躁的心理，做到严谨、认真、有耐心，并灵活掌握渲染技巧以解决作画过程中可能遇到的问题。

5.1.2 水粉渲染

水粉渲染指用水来调配水粉颜料进行渲染的表现技法，由于水粉颜料的覆盖力较强，故画面效果较水彩渲染更加厚重，具有较强的表现力，适用于表现简明概括、鲜明醒目的画面效果，并且绘制速度较水彩渲染有所提高。参考作品如图5-11所示。水粉渲染用纸为一般水粉纸即可，大部分渲染用笔为较扁平、硬毛的水粉笔，且最好准备大、中、小号各一只，描绘细节时通常用衣纹笔，大面积渲染时可用扁平小板刷。

5.1.2.1 技法介绍

水粉颜料和水彩颜料的区别在于水粉颜料不是通过加水来提高色彩明度，而是通过加入白色颜料使颜色变浅，并能够覆盖较深的颜色，从而便于修改。水粉渲染包含干画法和湿画法，对画面的处理原则和技巧与水彩渲染基本一致，但有些运笔方式和覆色方法略有区别，详见表5-2。

5.1.2.2 绘制步骤

概括来说，水粉的渲染顺序可以先浅后深，从薄画法向厚画法逐渐过度。由于水粉具有覆盖力，也可以是先深后浅，逐步加白色颜料提亮。渲染的关键步骤如下：

①绘制铅笔线稿和色稿小样　铅笔线稿和水彩渲染的方法及注意事项一致。绘制色稿小样的目的是为成稿提供色调参照，色稿小样的大小可以是16开左右的图幅，体现出画面

表5-2　水粉渲染技法介绍

技法介绍	图　示
平　涂 平涂法是水粉渲染的基础技法之一，是指将水粉颜料加入一定量的水进行调和，使颜料保持适度的黏稠度，不可加过多水以免失去覆盖力。选好区域后。用笔从左上角至右下角按一定顺序均匀地涂刷在纸面上，如面积过大，可以用板刷进行涂刷	

（续）

技法介绍	图示
退　晕 水粉需通过加入白色颜料来提高明度，故水粉渲染的退晕法和水彩渲染不同，它在退晕过程中需加入白色进行湿接，从而使颜色逐渐均匀变淡，或加入其他颜色向其他色相过渡，交接处应力求自然无痕。退晕法常用于表现色彩过渡自然的色块，如天空、水面、铺装、草坪、建筑立面等	
点　彩 点彩法通常指用类似点状的笔触来完成色彩的叠加和过渡的技法。可用平涂法或退晕法先铺底色，然后换小号水粉笔进行点彩。注意需在前一层色彩干透后再进行点彩。点彩法的表现形式可体现光的微妙变化和丰富的色彩，从而增强画面的表现力和独特的画风。常根据作画者的需求来决定用于局部或整体的渲染	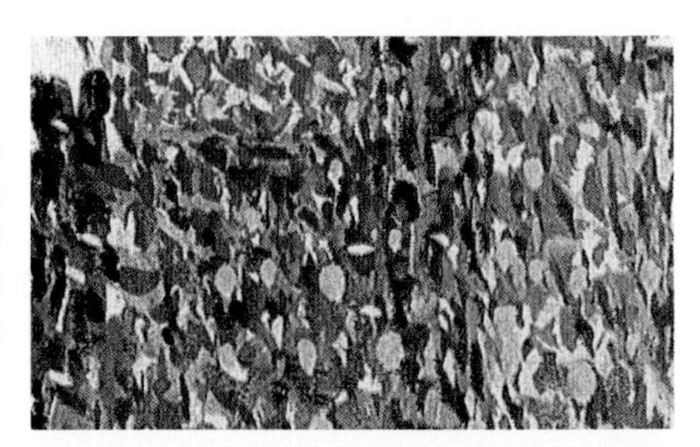
喷　色 水粉渲染的喷色法和水彩渲染类似，是指将调制好的颜料装入喷枪中，从喷嘴中喷出雾状的水粉颜料。常用于表现面积较大、形态较规整的材质，如天空、平整的墙面、大理石铺装等。由于水粉有覆盖力，也可用于局部画面的修改。喷涂时应覆盖住不需喷涂的部位，所以工序较为烦琐，但效果逼真，色彩也更加均匀	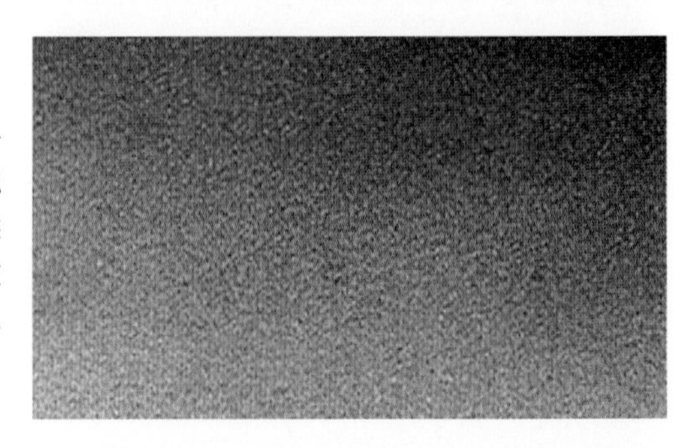
枯　笔 枯笔法是一种干画法，笔头水少色多，运笔时速度较快，色料也由浓变淡、由润变干，笔触中夹杂着丝丝笔痕，有动感之美，也可表现出丰富的用笔形态，常用于表现天空、水面倒影，或整体背景的渲染	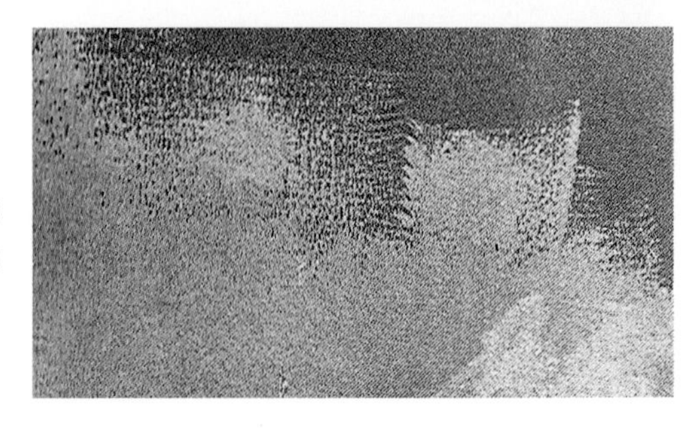

图5-11　水粉渲染（Gordon Grice，1999）

的大致色彩关系即可，铅笔稿和色稿均不用刻画细节。

②大面积渲染背景底色　如果全图色彩统一，可用板刷把整幅图的背景色薄涂一层；如果主体景物（如建筑）的色彩与背景色差较大，可提前留出其位置。结合湿画法中平涂法或退晕法渲染天空、植物、建筑的大面积底色。

③逐渐深化主体景物　用中白云将画面从大到小、从整到分用干画法进行逐层叠加，使主体物的颜色逐步加深，从而拉开受光部和背光部的明暗差距。色调均匀变化的区域可用湿画法进行退晕，刻画出形体的转折关系和色彩层次，最后进一步加深物体的暗部（如光影），此过程中颜色由薄向厚逐渐过渡。与之相反，也可以充分利用水粉的覆盖力，先从景物的暗部和阴影部分从深色开始入手，逐渐加入白色向受光部分过度。

④细化点缀配景　用小白云或者衣纹笔进一步描绘全图景物的细节部分，并提亮高光。注意调色时颜料和水的配比，要用少量水调出较厚重、黏稠的颜料对配景进行逐一勾勒刻画。如在天空的底色晾干后运用白色刻画出白云，结合点绘法点缀树丛、材质纹路、水纹、人物等配景。

注意事项：

①水粉渲染过程中，颜料会在干湿不同的状态下呈现深浅不同的差别，如湿润时颜色较深，干时颜色稍浅。为了达到预期效果，需在平时反复练习，熟悉水粉颜料的特性，增强调色经验。

②由于水粉颜料有较强的覆盖力，在着色过程中常将铅笔底稿覆盖掉，所以在绘制铅笔稿时不一定先将所有线稿全部绘制完，可在着色过程中分若干次完成底稿的绘制。

③水粉渲染时，要控制好颜料和水的比例，加水过多，色块不均匀；加水过少，造成颜料的堆积很难运笔，也会导致色块的不均匀。水量应适中，以画笔能较好的运行为准。

④水粉渲染须避免过多遍涂色和改色，因为颜色混合次数越多，画面色彩也越灰越脏，反复修改和叠加色彩，会使画面出现“粉气”。

⑤调色时尽量一次性把色量调够，防止画到一半时颜色不够，重新补色会使色彩衔接不自然。

5.2　钢笔淡彩

钢笔淡彩指的是以钢笔线条绘制底稿，用水彩或水色等颜料为画面进行着色的渲染手法，常用于绘制设计草图、手绘效果图等。较水彩渲染来说，钢笔淡彩画法属于用时较短的快速表现，对钢笔线条的绘制水平要求较高。钢笔线条要求清晰、肯定、灵活、流畅、对比分明，并能准确、概括地体现物体的合理构图、准确透视、形体轮廓、空间层次、材料质感、细节等。值得注意的是，钢笔淡彩画法着色时可以采用水彩渲染中的上色技法，但相较水彩渲染而言，钢笔淡彩着色时的笔触更加自由灵活，充分体现色彩的轻松明快、简洁清透之感。参考作品见图5-12至图5-18。

图5-12 城市街道景观效果图（Gordon Grice，1999）

该作品为城市街道景象的钢笔淡彩表现，线稿以徒手绘制的“抖线”为主，线条疏密有致，重点突出。植物的枝干刻画生动有力，人物形态丰富自然，建筑隐退在画面两侧以突出街道景观。天空采用蓝、红、黄三色进行“接色”，表现自然过渡，全图整体色彩采用橙黄色系渲染出傍晚时分街道的热闹气氛。

图5-13　中国传统园林建筑效果图（宫晓滨）

该作品为钢笔淡彩表现的中国古典园林建筑透视图，同时展现了建筑的立面效果。建筑大部分底稿借助尺规绘制，用水彩简单着色，突出钢笔线条。且将建筑大面积留白，呈现出简约、通透的风格。

图5-14　跌水景观效果图（宫晓滨）

该作品为钢笔淡彩表现的跌水景观透视图，线稿用较写实的“绘制钢笔画”的手法进行表现，用水彩着色。画面色彩丰富、通透，对比鲜明。植物种类多而不乱，色彩对比、不失调和；水体的渲染富有动感，仿佛使人身临其境。

图5-15　滨水景观效果图（北京土人景观与建设规划设计研究所，2008 ）

该作品为钢笔结合透明水色所表现的钢笔淡彩景观透视图。线稿流畅、概括，色彩浓郁、统一。通过色彩差将远景的建筑和近景的植物拉开空间层次。全图景物笼罩在黄紫色调中，给人一种黄昏时分的浪漫、和谐的氛围。

图5-16　园林俯视图（宫晓滨）

该作品为山地园林建筑及外环境俯视图，表现方式为钢笔淡彩。植物刻画细致，建筑结构严谨，并通过留白和周围环境区分开来，全图色彩丰富且和谐统一，很好地营造了富有山林野趣的园林空间氛围。

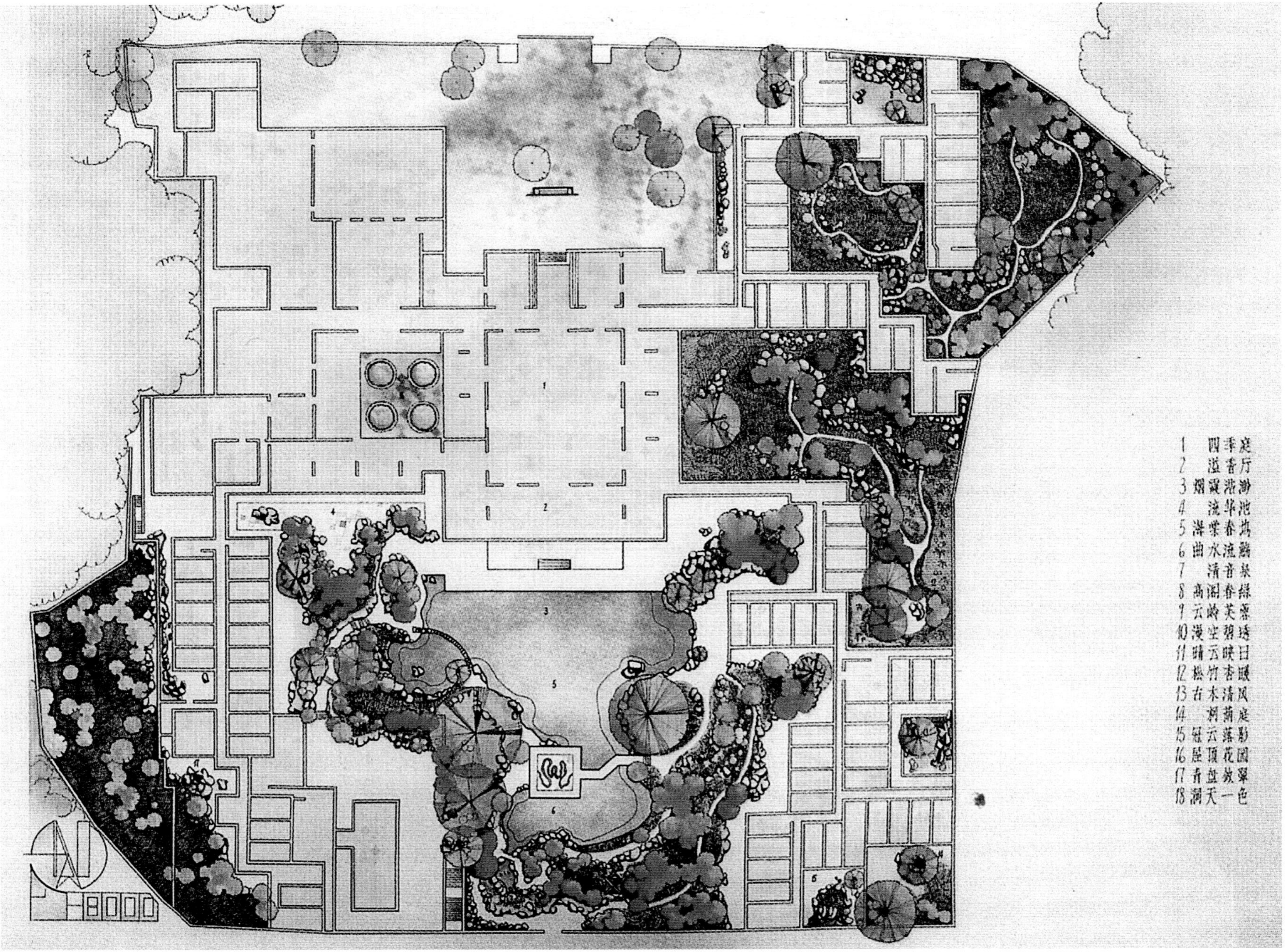

1 四季庭
2 溢香厅
3 烟霞浩渺池
4 流华池
5 海棠春坞
6 曲水流觞
7 清音泉
8 高阁春绿
9 云岭芙蓉
10 漫空碧透
11 晴云映日
12 松竹杏暖
13 古木清风
14 涧蒴庭
15 飘云落影
16 屋顶花园
17 青盘放翠
18 洞天一色

图5-17 香山饭店庭院平面图（刘赟硕，2006）

该作品为钢笔淡彩绘制的庭院平面图，建筑部分用尺规绘制，植物配置部分则徒手完成，线稿无过多描绘，给渲染填色留出余地，色彩在对比中体现调和，水面的晕染显得灵活而富有动感。

图5-18　绥中电厂商业服务楼立面图（宋大志，1992）

该作品为钢笔淡彩绘制的建筑立面图，大部分借助尺规进行表现，线型区分明显，前后空间关系明确，建筑结构、材质表现严谨、精确。色彩干净清新、以黄绿色调为主色调，和谐统一中不失对比，其中若干建筑立面的留白将色调区分开，加强了色彩的层次。水面的淡蓝色再次调节了画面的色彩，与黄绿色调形成较弱对比，并与建筑体上的玻璃颜色形成呼应。

5.2.1 绘制步骤

钢笔淡彩的整体绘制顺序如下：

①钢笔线稿的绘制，用钢笔勾勒出画面的构图和透视关系，刻画对象的具体内容，确定各个元素在图面中的准确位置。

②将画面中的建筑细节、植物层次、道路铺装、人物配景等进行深入刻画，同时进一步加强画面的明暗对比关系。

③在线稿基本完善的基础上，添加画面各个元素的阴影，使画面内容饱满、层次丰富（图5-19a、b）。

④进行着色，上色顺序没有固定模式，可以根据画面所表达的重点进行灵活处理，一般来说，应从较大面积的色块入手，逐渐向较小面积过渡。以图5-20为例，对天空进行着色，应用湿画法进行色彩的退晕，表现出云朵的体积感，刻画出云的形态，过程中应一气呵成，忌反复涂抹。

⑤用较大号的水彩笔从上到下接连不断地对画面的主景建筑进行整体铺色，注意笔触果断肯定，颜色要淡而薄，能够清晰透出所绘制的钢笔线稿。

⑥换较小号的笔用干画法逐一添加建筑中较深的颜色，如建筑的背光部，过程中需要仔细观察画面，根据画面的光影关系、前后关系，结合水彩渲染的技法，对画面不同深度的部位进行相应的色彩处理。

⑦配景铺色，如椰树、汽车、人物等，注意从整到分、从浅到深。收尾前对整幅画面中不协调的线稿、色彩进行统一调整、修改，使得画面和谐统一（图5-19c~e）。

注意事项：

①在绘制钢笔线稿时，注意选择不被水彩颜料侵染的墨水，并等墨线完全干透后再上色。

②着色时，颜色浓度不宜过高，并保持色调的统一性；色彩种类也不宜过多，切忌“浓妆艳抹”。

③给每一个区域填色时，颜色不宜涂得太满，也不要反复涂刷，用笔应果断、一气呵成，尽量保持色彩的简洁概括之感。

④在绘制钢笔淡彩图的过程中，线条的表现力尤为重要，涂色时应保持色彩的透明性，以便清晰地体现出线条的魅力，但在绘制线条时也要考虑上色后的效果，给色彩留有渲染余地。

⑤上色时切记不可多次叠加，以免造成画面色彩的沉淀而“变脏”，更不可多遍涂抹使色彩覆盖原有的钢笔线条，造成线稿的遗失。

a起稿，勾勒画面的形体结构

b进一步完善线稿，勾画物体的具体形态和细节

c用退晕法对天空进行着色，每一笔先从颜色较浓的蓝紫色开始着色，随后快速加水稀释，逐渐过渡到浅蓝色，特别注意着色时要适当留白，切记不可将颜色涂满涂匀，且绘制速度要快，笔触要灵活、一气呵成，从而体现出云朵的动感

d对主要建筑着色，由浅入深，层层深入，第一层颜色以平涂为主，待颜色干后调制较深的颜色进行深入刻画

e最后，对建筑的细节、植物、配景人物等进行着色，着色时注意明暗关系和色调之间的和谐

图5-19　钢笔淡彩上色步骤（高晖临摹）

5.3 马克笔表现

目前，马克笔是风景园林表现中最主流的上色工具之一，它方便快捷，表现力强，绘制出的画面风格常具有灵活自由、鲜明快速、肯定有力等特点。马克笔可绘于复印纸、绘图纸、草图纸、硫酸纸以及有色卡纸上，根据纸张质地的不同，笔触效果也略有差异。另外，马克笔也经常与彩色铅笔搭配使用，以增强画面表现力。

5.3.1 马克笔笔触技法

马克笔在普通白色复印纸或绘图纸上涂色时，笔触效果明显而强烈，而在草图纸或硫酸纸上涂色时，由于纸张的特殊性，马克笔可以将笔触进行反复叠加，笔触效果变得相对柔和。无论在何种纸张上表现，都应牢记控制马克笔的三字要诀：快、准、稳，即运笔时切忌拖泥带水、犹豫不决，运笔的力度也尤为关键，在笔触的结尾处应适当放松、一气呵成，这样才能将马克笔灵活生动与不拘一格的风格表现出来。马克笔的上色笔触技法类型有平铺、渐变、叠色、自由摆笔、枯笔、扫笔等（表5-3）。

表5-3 马克笔笔触技法

技法介绍	图 示
平 铺 马克笔上色的基本笔触技法，用于物体的底色铺设。上色时，笔头应平落在画面上，收笔时保持同样的状态，同时尽量保持每一笔的距离均等，落笔与收笔都要迅速，忌拖泥带水，以免出现色彩堆积和不匀	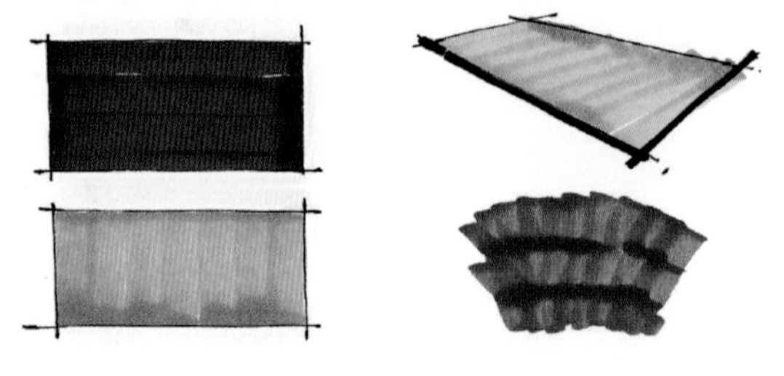
渐 变 排线时笔触形成从粗到细、从紧到松、从密到疏的过渡效果，常用来表现光线的过渡。渐变分规整渐变与自由渐变两种。前者按一定方向有规律地进行笔触的排列，过程中注意笔触的方向转折；后者可随形态的变化来使笔触达到相对自由的方向转变。两者运笔都应快速、肯定、均匀、不拖沓，运笔时的力度也应保持均衡	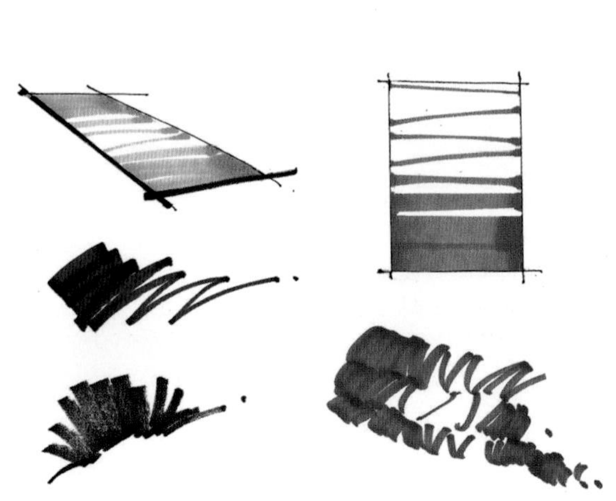

（续）

技法介绍	图 示
叠 色 在第一层渐变颜色的基础上，运用同类色（近似色）按照同样方式进行第二层、第三层色彩的排线，形成类似退晕般的色彩过渡，常用于表现光感的变化、色彩的过渡、形体的转折、空间层次等。当使用两种及两种以上的颜色进行叠色时，一般要等到第一层颜色稍干时，再进行第二层颜色的叠加，用笔需快速、肯定，在规律中寻求变化	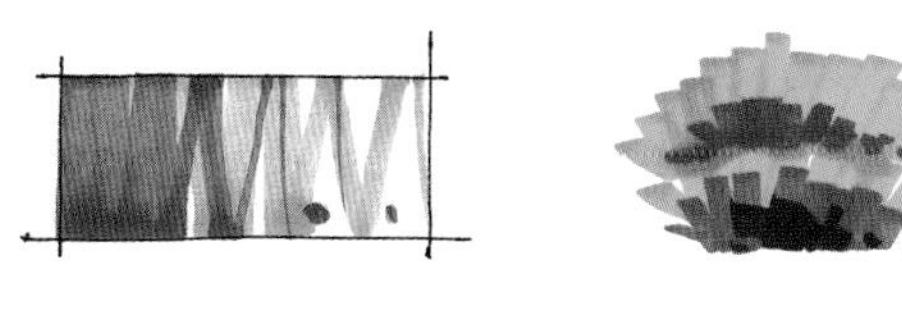  
自由摆笔 使马克笔按不同方向摆出较自由的笔触，笔触可由点、线、面元素综合组成，灵活且具有变化，多用于植物、天空等景物的色彩描绘	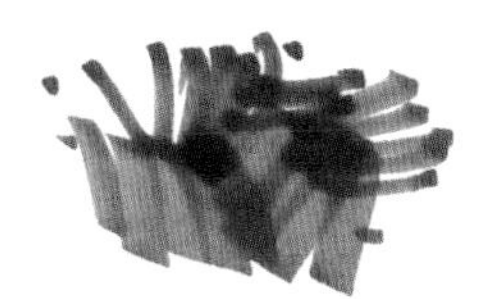     
扫 笔 使马克笔稍用力快速扫过纸面，收尾处力度适当减弱，形成由深至浅的渐变效果。绘图时应注意笔触方向不能太过随意，力度不能过轻，以免使笔触间距过大或因缺乏控制而使颜色超出原有线稿范围。有时第一层扫笔结束后，可以再一次进行色彩的叠加，以此丰富色彩层次；有时笔触可以模仿较干的马克笔，表现出独特的枯笔效果。可用于表现水中倒影、植物末端叶片、天空等景物，体现物体的质感，但注意适当点缀即可不宜过多使用	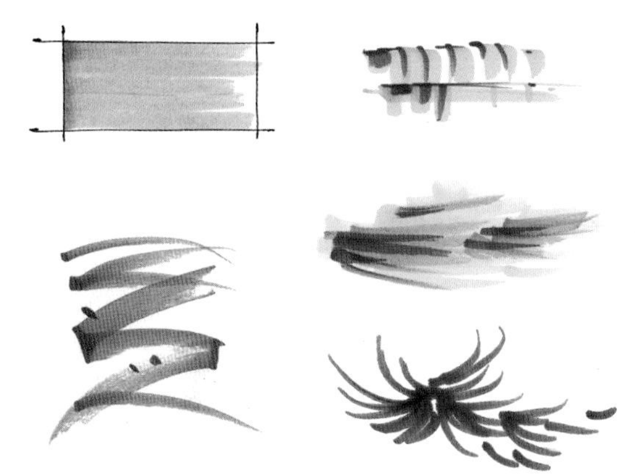

5.3.1.1　几何体笔触技法

练习马克笔的几何体上色，可以很好地锻炼如何将马克笔的笔触技法运用到物体的体块关系之中，学习如何体现物体的体积感、空间感、光影关系、色彩关系等。通常大致操作步骤如下：

①使用浅色调的色彩在物体的受光部进行笔触的渐变，注意笔触要细而疏，同时不要将色彩填满，需大面积留白来体现光感；

②将物体的灰面部分运用中灰调的颜色进行两三遍的叠色处理，注意笔触的方向在统一中适当变化；

③运用明度较低的重色调在物体背光部区域内按顺序进行平铺和叠色处理，注意叠色时笔触沿物体的明暗交界线由密到疏依次排列，适当体现物体的反光；

④投影区的底色通常使用深灰色系列进行叠色来体现出层次，收尾时用黑色沿物体投影区域内的底部边界进行压边处理（图5-20）。

5.3.1.2　植物单体、组合及其他配景的上色技法

植物及其他配景如人、车、天空、道路等上色步骤和几何体上色步骤大致相同，只是笔触更加自由，并随物体形态而变化。色彩由浅色的平铺和深色的叠色组成，最后用黑灰色或者黑色进行暗部阴影的点缀，注意不同物体类型有不同的笔触、形态和色系，应反复练习，进行组合训练（图5-21至图5-24）。

概括来说，马克笔的笔触要有节奏和韵律；笔触方向不宜过多以免色彩凌乱；物体的整体色调要和谐统一，不宜使用过多种类的颜色，以突出色彩之间的明暗对比关系为主；受光处要留白，使画面透气。

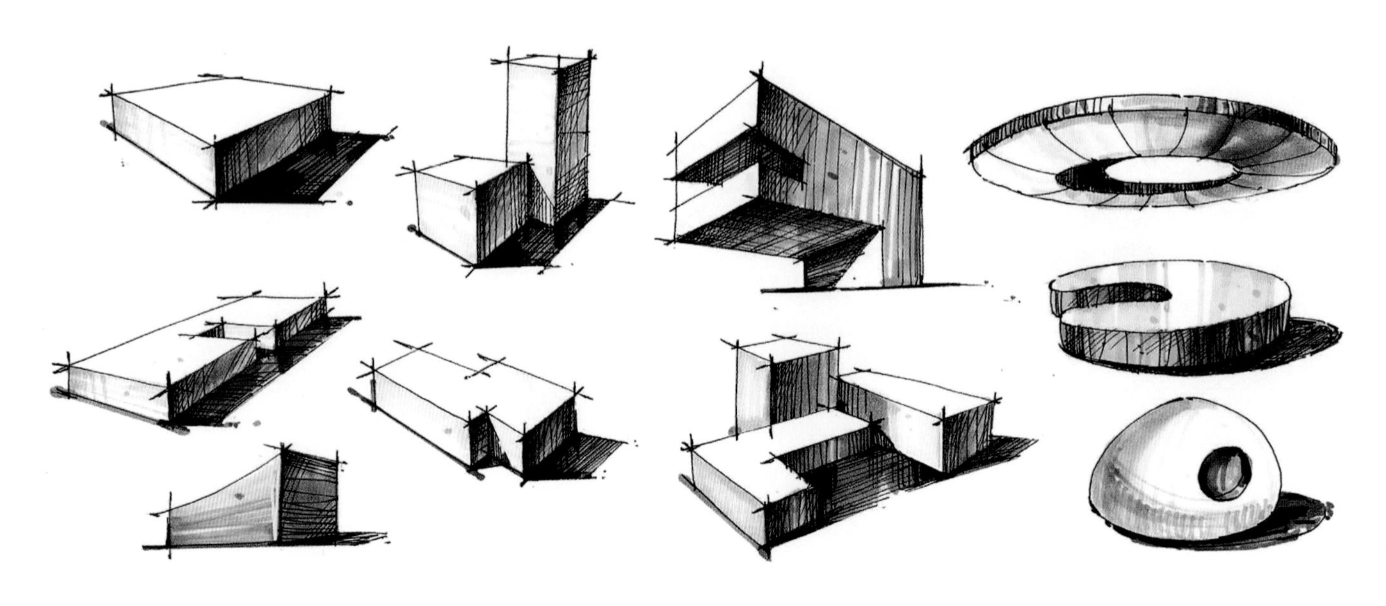

图5-20　几何体的上色图例（高晖）

图5-21 植物单体和组合的上色图例（高晖）

图5-22　配景和效果图的局部表现（R・麦加里、G・马德森，1996）

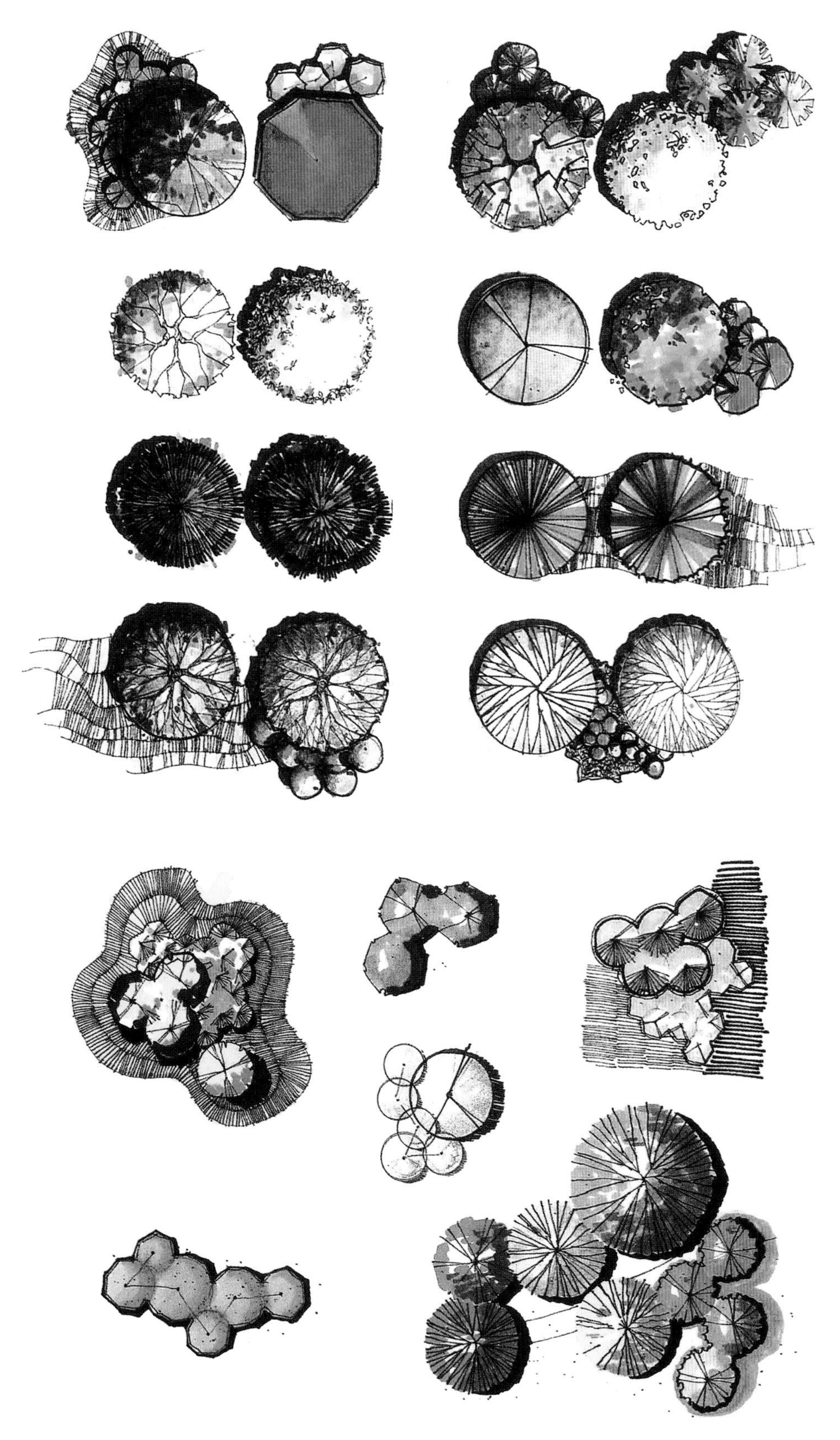

图5-23 植物单体及群落平面图（迈克·林，1990）

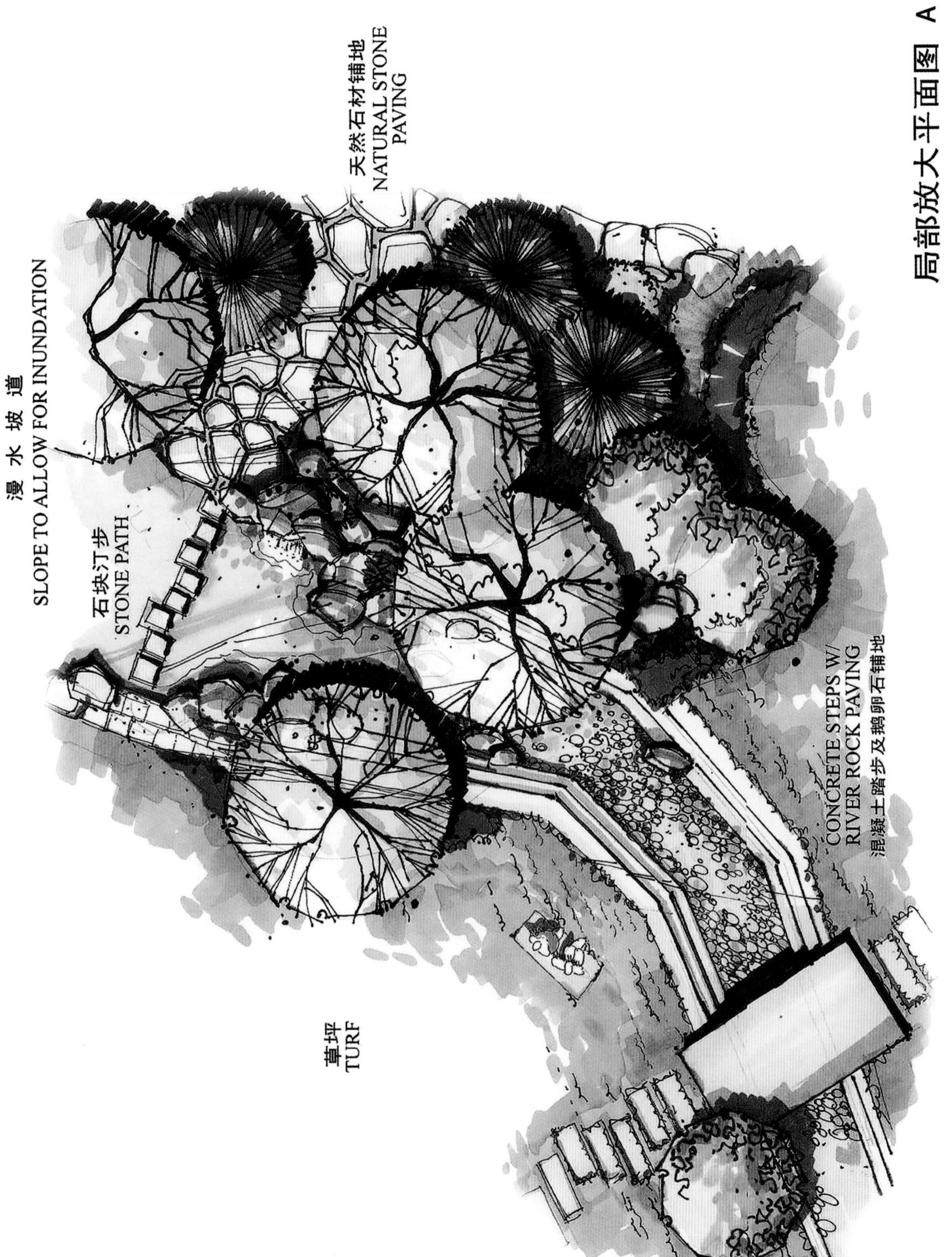

图5-24 河道局部放大平面图（中国建筑技术出版社建筑图书出版中心，2011）

5.3.2 绘制步骤

5.3.2.1 透视图

在使用马克笔上色时，由于马克笔覆盖力不强，所以总体遵循先浅后深、层层深入的原则。下文以图5-25为例，介绍透视图的马克笔上色步骤：

①画前构思　根据黑白线稿的阴影位置判定光源的投射方向，从而确定画面中各个物体的明暗关系和明暗交界线的位置。此外，在上色前预想一下整体画面的色彩基调及冷暖色彩的配比，以便上色时做到胸有成竹。

②给植物设色　首先，确定空间的近、中、远景，确定中景部（一般为重点区域）景物的受光部分，并给植物上色。先用浅色系的色彩奠定基本色调，用轻松快速的笔触铺设植物的第一层颜色。其次，根据近实远虚的原则，待第一遍颜色干后再进行第二遍色彩的铺设。配景的选色应与整个画面的色调相统一，避免与主体物冲突或喧宾夺主。前景和中景的植物可适当使用饱和度相对较高的颜色，而远景植物可使用冷色系的色彩并减弱对比感，有助于进一步拉开图面的远近层次。色彩衔接力求自然流畅，笔触要肯定有力。最后，增加细节处理，重点刻画植物的光影变化，光影效果的塑造能够清晰明了地构建画面的立体感与空间感。植物的高光区域通过留白点亮画面，增加画面的通透感。

③水体、铺装等设色　找到这两种元素其自身固有色中最浅的颜色进行着色。最前景和最远景暂时留空或少量上色。根据近实远虚的原则，较远处的铺装应多留空白来适当淡化色彩的纯度，进而拉开空间上的色彩层次。

④刻画植物细节　运用马克笔丰富的笔触类型，刻画重点区域中植物的细节，着重表现植物明暗交界线处的转折关系。在暗部叠加较重的色彩来增强明暗对比，加强整个画面的层次感和空间对比。

⑤添加细节、整合画面　再次强调画面中的重点部分，如添加画面中的水体、建筑物、人物的细节，并统一全图中所有景物的光影，使画面的黑、白、灰层次进一步加强。

其他参考作品见图5-26至图5-29。

a 步骤一

b 步骤二

c 步骤三

e 步骤五

d 步骤四

f 成图

图5-25 马克笔表现上色步骤图（高晖）

图5-26 马克笔透视图表现（上林国际文化有限公司，2005）

作品以硫酸纸绘制，线条洒脱流畅，环境刻画生动细致，色彩在冷暖对比中不失和谐，体现出户外休闲环境的轻松氛围。

图5-27　马克笔透视图表现（上林国际文化有限公司，2005）

图中墨线成分较少，马克笔着色比重较大，具有水彩渲染的风格。色彩层次丰富，笔触细腻，尤其植物的描绘，运用多种笔法进行细致刻画，并区分出前后关系。

图5-28 街景透视图（迈克·林，1990）

作品绘于照像纸上，透视严谨，色调明快、统一。行道树树枝部分的繁密和建筑、道路的简约形成色调对比，全图阴影处的黑色色块使得画面沉稳有力。

图5-29　居住区透视图（中国建筑技术出版社建筑出版中心，2011）

作品中植物运用多种手法进行描绘。前景植物丰富的色彩和细致笔触，与远景建筑和天空融为一体的色调处理手法，拉大了画面整体空间的前后虚实对比。

5.3.2.2 平面图

通常情况下，平面图的马克笔上色顺序也是由浅到深、由面积较大区域到面积较小区域进行涂色，具体步骤如下：

①先使用浅色系的马克笔对平面图中较大面积的草坪、水体、铺装进行第一次铺色，在运笔过程中，笔触应干脆利落，不宜涂满，可以适当留白来增加画面的通透性和轻松感。

②由浅至深依次叠加二三层颜色，分别给乔木、灌木、地被等植物上色。注意：为了表现不同高度植物的层次，三者之间以及三者与草地之间的明度和冷暖层次要有所差异，同时注意在绘制各类植物时，马克笔的笔触大小和上色技巧应随着植物种类的变化而调整。

③进一步增加水体、植物、建筑的色彩层次，使用较深色系的马克笔依次添加各景物的细节并勾勒其边界，使各元素的形态更加明确、更具立体感。

④用深灰色或者纯黑色的马克笔给全图的景物元素添加阴影。注意树体的阴影形状大致呈中间宽、两头尖的“月牙”形态，其他物体的阴影根据其各自不同的高度和形态应进行相应的变化，通常情况下，高度越高，阴影面积越大，同时特别注意阴影的方向应根据指北针来确定，并保证所有元素的阴影方向一致（图5-30）。其他参考作品见图5-31至图5-33。

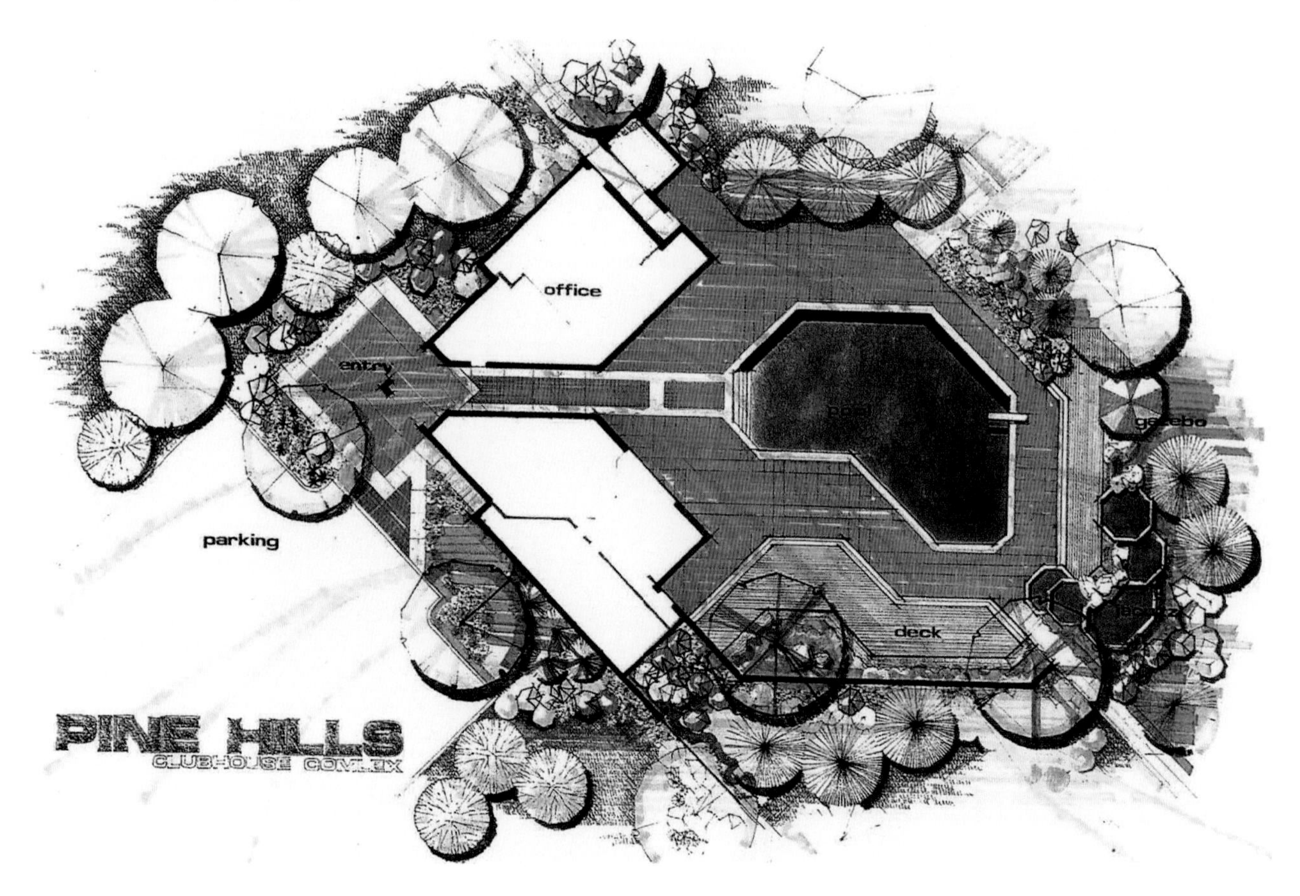

图5-30　平面图的马克笔表现（迈克 · 林，1990）

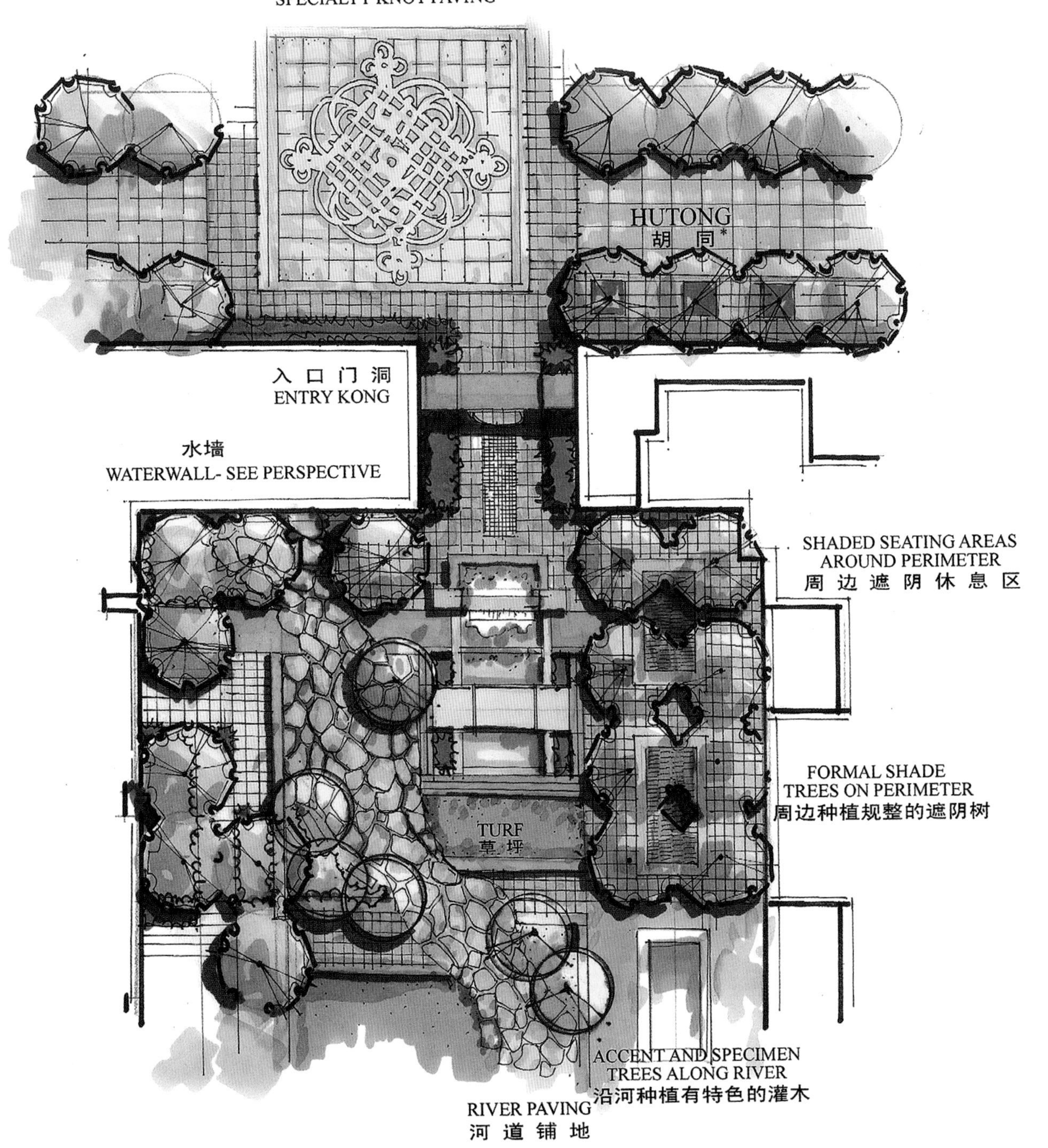

图5-31　居住区庭院局部平面图（中国建筑技术出版社建筑图书出版中心，2011）

作品中树阵、花树、绿篱灌木运用不同的画法和色彩加以区分，绿色乔木受光部的浅黄色与花树的色彩又形成呼应关系，色彩在对比中体现了统一。建筑的留白和阴影的黑灰色进一步拉开全图的色彩对比。

*“胡同”应为“甬道”。

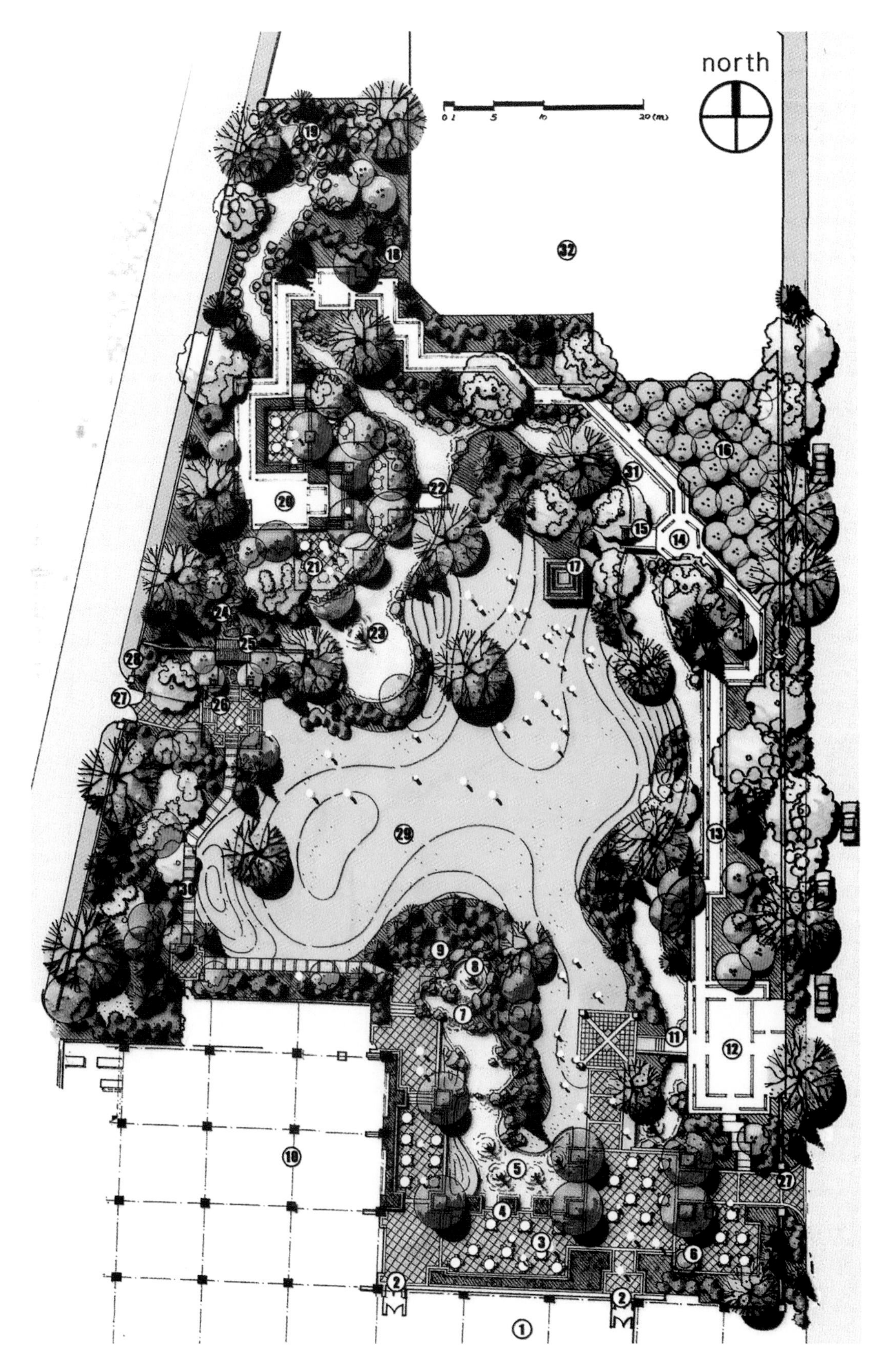

图5-32　酒店庭院平面图（上林国际文化有限公司，2005）

作品采用丰富的色彩将植物进行分类，其中绿色也根据植物种类的不同进行了明暗和冷暖的区分，使画面和谐而具有变化。

图5-33　广东珠海温泉酒店度假村总平面图（上林国际文化有限公司，2005）

图中的景观元素通过不同的色彩得到有效区分，使得整体方案色彩丰富、结构清晰。其中不同的蓝色代表不同功能的水系，建筑的留白处理提亮了画面，也有效缓解了色彩之间的冲突。

5.3.2.3 剖面图

以图5-34为例剖面图的马克笔上色步骤大致如下：①从近景入手，用浅色系的马克笔奠定景物的基本色调；②用深色系的马克笔逐步刻画物体相应的暗部，尤其对近景的乔灌木、水池、建筑应该进行重点细致的刻画，注意刻画树丛时要突出主体；③给远景上色，通常使用色彩较浅、色相偏冷、低饱和度的色彩，这样可以与前景形成色彩对比，进而区分空间层次；④对天空、水体以及人物等配景进行刻画。其他参考图例详见图5-35、图5-36。

5.3.2.4 鸟瞰图

鸟瞰图上色时，一般采取由中心向四周的顺序涂色。中心主体物一般采用较鲜明的色彩对比关系，如草坪与乔灌木等植物要有明显的色彩区分，植物树冠可适当留白形成高光亮面，阴影处加重色彩增强黑白灰层次；建筑、铺装等物体也可以适当提高色彩的明度对比，加强光影效果，强调出画面的重点。马克笔在进行细节刻画时，笔触应柔和、细腻且富有变化；在完成中心景观的刻画后，逐渐对较远场景的植物、道路、建筑等进行色彩的铺设，远景尽量使用偏冷色系的颜色并减弱色彩对比，以较放松的笔触逐渐过渡到画面的边缘，产生从实到虚的色彩变化，使空间向远方延申，如需叠加第二层颜色，在暗部适当点缀即可；最后调整全图的色彩关系，添加重点区域的阴影和细节，使画面更加生动自然（图5-37、图5-38）。

注意事项：

①马克笔的上色顺序一般遵循由浅至深的原则。

②切忌在同一画面中使用过多种类的色彩，减少色彩之间的冲突，尽量“唱一个调子”。

③为避免色彩之间的不调和或色彩过“生”，谨慎使用高纯度的色彩，尽量避免过多种类色彩，或在较小面积内进行点缀。

④物体的暗部层次尽量避免使用对比色，应使用同类色进行叠色处理，使画面达到和谐统一的色彩效果。

⑤若高纯度颜色过多导致画面花哨时，可通过增加留白面积或在物体暗部加入中性灰来调节。

⑥当马克笔笔触出现小失误时，要顾大局“将错就错”，切忌拘小节“越描越黑”。

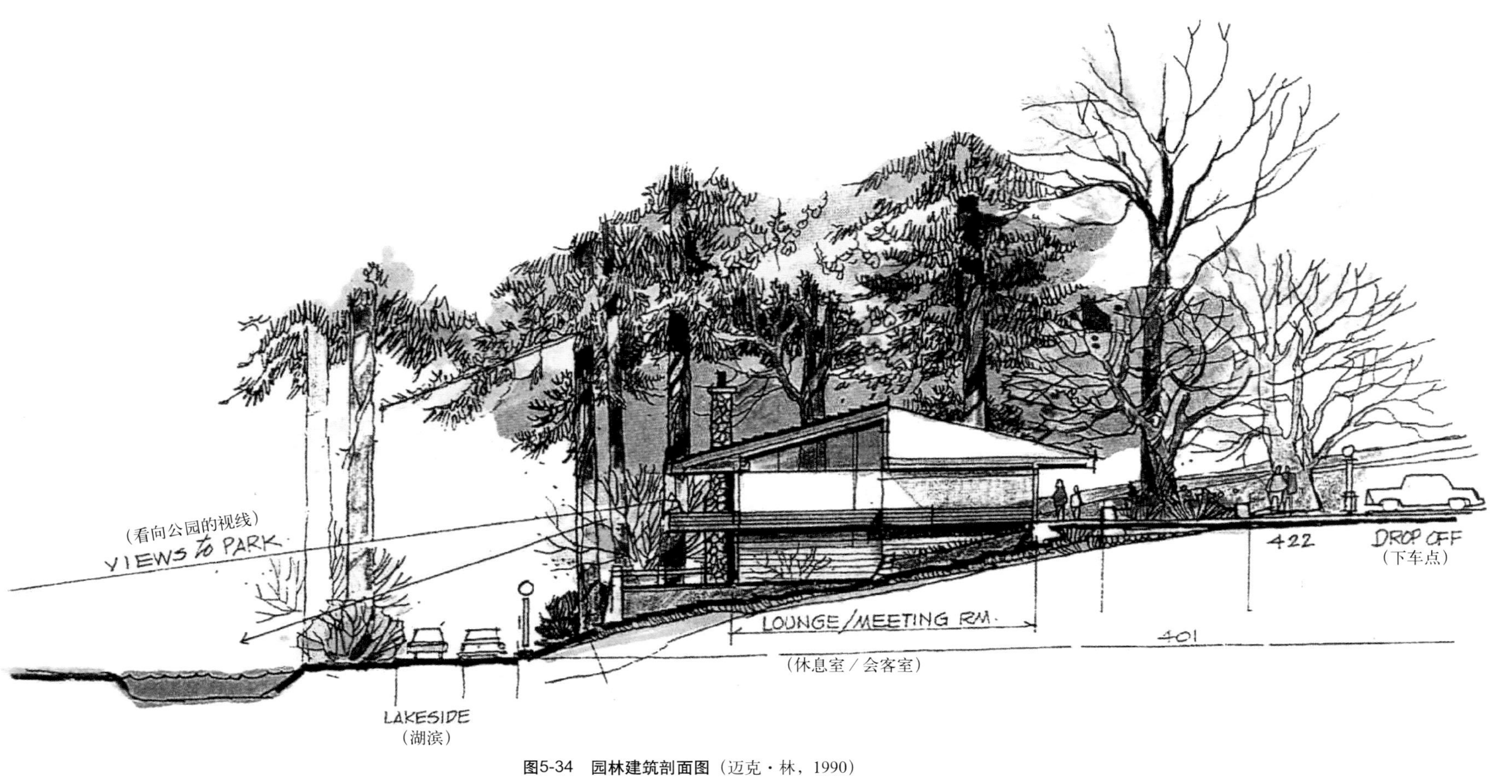

图5-34　园林建筑剖面图（迈克·林，1990）

作品用马克笔绘于白色描图纸上，整个画面色调统一和谐、疏密有致，前后空间层次区分明显。对建筑周边的植物细致刻画并分类描绘，烘托出建筑主体。

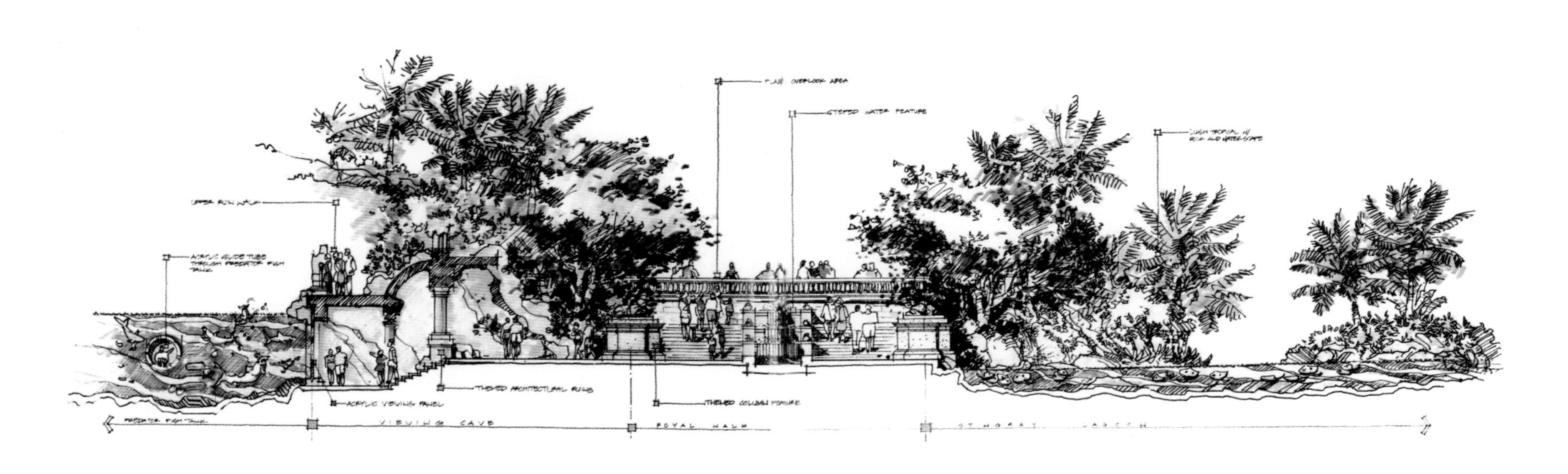

图5-35 剖面图（上林国际文化有限公司，2005）

作品色彩丰富，笔触灵活，剖面空间表达丰富，建筑的表现和植物形成深浅色调的对比，并呈现出一静一动的视觉感受。

图5-36　庭院剖面图（中国建筑技术出版社建筑图书出版中心，2011）

作品笔触运用平铺、自由摆笔等方式进行描绘，色彩明快简洁，结构直观明确，简洁而不失严谨。

图5-37 城市鸟瞰图（D·哈蒙，2012）

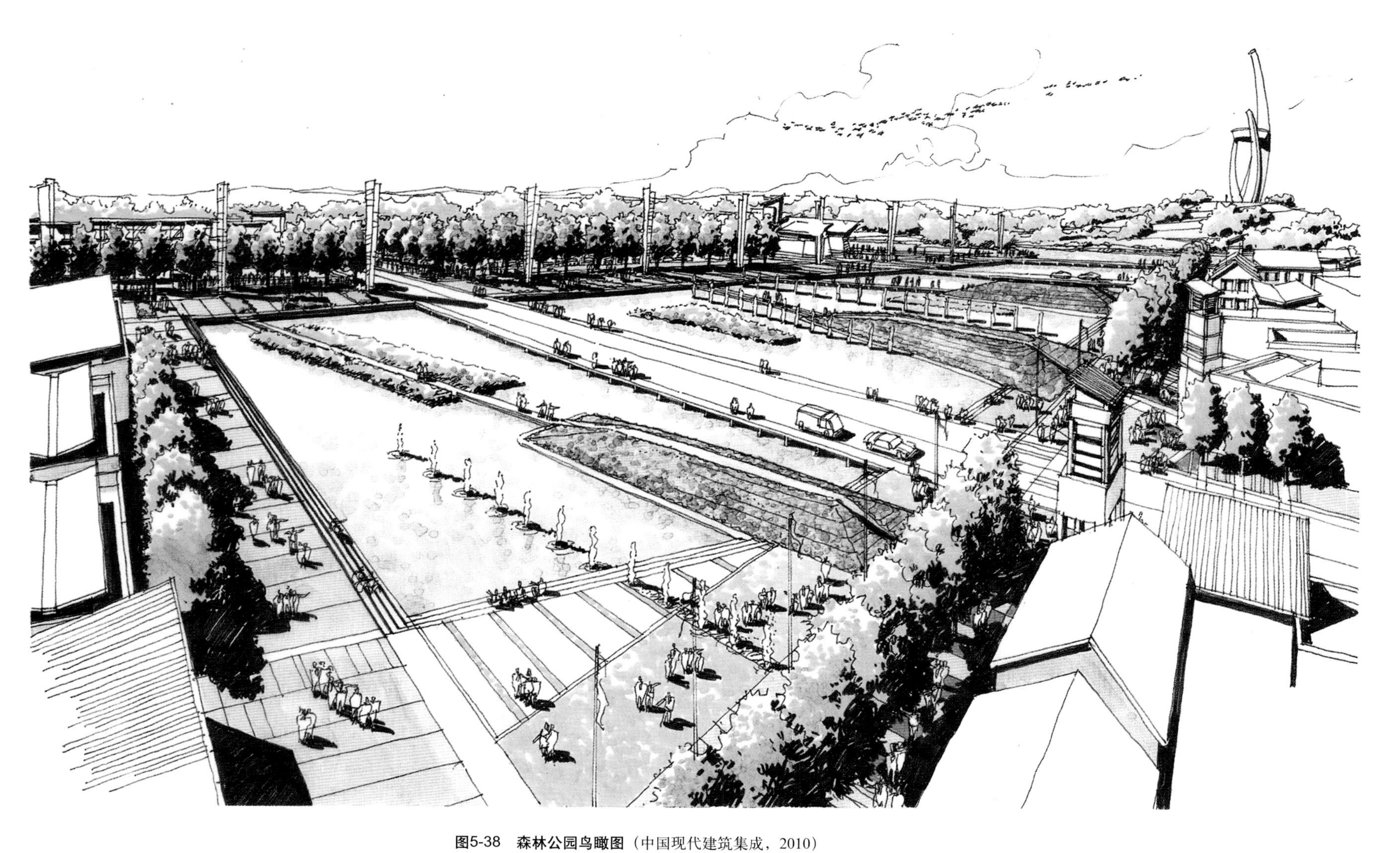

图5-38　森林公园鸟瞰图（中国现代建筑集成，2010）

作品用马克笔绘于半透明的硫酸纸上。作者对场景透视的精准把握和色彩的合理搭配，以及中心道路、周边建筑的留白处理，表现出很强的视觉冲击力。

5.4 彩色铅笔表现

彩色铅笔是风景园林设计表现中常用工具之一，其执笔方式可以用写字时的握笔方式，也可以采用画素描时的握笔方式。其最大的优点在于能像普通铅笔一样方便携带、运用自如，易于修改等，非常适合初学者使用。彩色铅笔通过彩色线条的交替混合，将多种颜色相互叠加，可产生绚丽的色彩和独特的肌理，同时又具有笔触细腻、层次丰富的视觉效果。

彩色铅笔分为水溶性彩色铅笔（可溶于水）和油性（蜡质）彩色铅笔两种。将彩色铅笔削尖可绘制物体的轮廓线，也可以像素描一样排出调子。水溶性彩色铅笔质地较软，绘制出的线条可溶于水，用湿润后的毛笔涂抹，色块即能晕染开来，笔触的排线痕迹随之消失，进而产生类似水彩画般清新、淡雅的效果，非常适合用来表现天空和水体。有时也可以用手指擦抹彩色铅笔的线条，能产生较柔和、无笔触的色彩效果。具体来讲，彩色铅笔的笔触技法灵活多样，有平涂、渐变、叠色、水溶退晕等（表5-4），熟练掌握这些技法并融会贯通，才能在绘制过程中得心应手。另外，彩色铅笔常常与马克笔、水彩等绘图工具结合使用，可以发挥不同工具的特点，也使作品更具丰富和多样化的视觉表达效果，从而产生更多综合性表现的佳作。

5.4.1 彩色铅笔笔触技法

表5-4 彩色铅笔表现技法

技法介绍	图 示
平 涂 平涂法是彩色铅笔笔触技法的基础笔法，通常用均匀排线的方式表现色块的基本色调，对用笔的力度和速度有一定要求。平涂时将笔头紧贴纸面快速运笔，按统一方向扫出大致相同间距的线条，注意用力要均匀、放松。如需进一步加深色调，可以在第一遍颜色之上换一个角度进行叠加	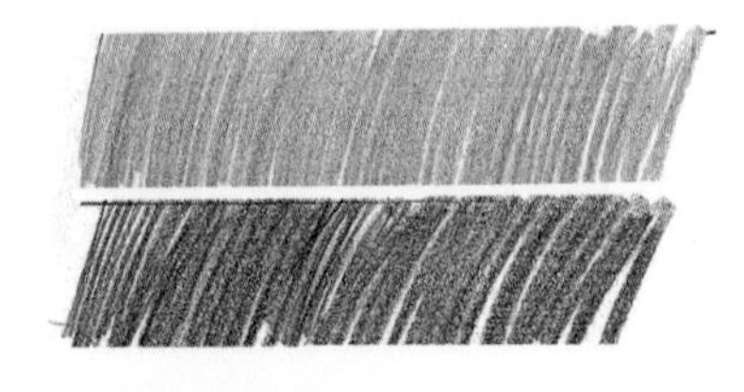
渐 变 渐变法常用来表现色彩和光源的过渡，通常用排线密度和浓度的逐渐加强或减弱来表达。注意过渡时要循序渐进，线条应由疏到密或由密到疏均匀变化。同样，如需进一步加深色调，可以换角度再次叠加	
叠 色 叠色法是通过不同明度或不同色相的色彩相互穿插来进行叠加上色的方法。在同一色块中，不同颜色的叠加能绘制出多层次的色彩效果，常用来表现物体的暗部或具有丰富色彩环境的物体或景物。注意一般多用同类色或近似色进行叠加来统一色调，同时也要避免叠加过多种类的色彩而造成画面脏乱	

（续）

技法介绍	图 示
水溶退晕 水溶退晕利用水溶性彩色铅笔溶于水这一特点，将画好的线条用蘸湿的水彩笔晕染开的方法。运笔时要注意力度均匀，通过控制晕染方向和调节水量可以使颜色形成渐变效果。退晕时彩色铅笔的笔触消失，出现水彩画般的透明效果，也与其他区域形成鲜明的肌理对比，丰富画面的表现形式	

5.4.2 绘制步骤与示例

5.4.2.1 绘制步骤

与钢笔淡彩表现类似，彩色铅笔表现通常是在已完成的黑白线稿上着色，也可使用油性（蜡质）彩色铅笔直接起稿并上色。本节以透视图为例，简要介绍常规的绘制过程。

和素描的排线画法基本一致，应遵循先浅后深、循序渐进的原则进行排线。首先，使用浅色进行平涂、渐变及局部退晕来奠定物体的色彩基调，如画面中的天空、水体、植物等。颜色不必全部涂满，适当留白可使画面更具“透气感”。其次，用深色进行多次叠色由浅入深地来完成细部的刻画。最后，深入调整，重点刻画材料的质感，如玻璃、木纹、铺装纹理等。

上色过程中笔触应均匀、肯定，刻画细节时应将笔尖削尖，切忌用力过猛，造成笔尖断裂或者出现不和谐的笔触条纹。除此之外，要始终注意体现画面中各个景物或空间的虚实变化、主次关系和冷暖对比等。如近景应使用相对偏暖的色调，色彩明暗对比也应拉大；远景则使用相对偏冷的色调，并适当减弱色彩的明暗对比，进一步拉开画面的空间层次。绘制的步骤如图5-39所示。

①完成线稿的绘制，确定天空、植物等物体表现的大致面积和位置，以及将要使用的色彩基调（图5-39a）。

②使用浅蓝色对天空用平涂和渐变法涂色，在大致45°角方向进行排线，注意线条应疏密有致、方向统一，云朵的位置处留白（图5-39b）。

③进行第二次铺色，并细致刻画。对于主题表现物、铺装物等进行第一层铺色（图5-39c）。

④天空部分采用水溶性铅笔的水溶效果，来塑造类似水彩的亮丽效果。构图中心的水面简单地刻画出倒影效果，将视觉的焦点引向画面中心（图5-39d）。

⑤对主题表现物进行细致刻画，完善细节。添加阴影和光影变化，使画面丰富且富有层次（图5-39e）。

其他彩色铅笔的参考作品见图5-40至图5-44。

a 步骤一

b 步骤二

c 步骤三

d 步骤四

e 成图

图5-39　彩色铅笔上色步骤图示（高晖摹自《手绘与发现》，2014）

图5-40 滨水景观效果图（北京大学景观设计学研究院、北京土人景观规划设计研究院，1998—2005）

该作品墨线部分笔墨较多，解决了彩铅自身重度不够的问题。全图色彩以绿色为基本色调，但不失冷暖、纯度上的对比，如草地的绿色为饱和度、明度较高的鲜绿色，乔木则采用饱和度、明度都较低的暗绿色。个别人物和局部草花用互补色点缀，使画面统一而生动。

图5-41　滨水景观效果图（北京土人景观与建设规划设计研究院，2008）

该作品画面塑造出了水溶性彩铅的水溶效果，使作品有水彩的清透之感。构图中心的水面和天空简单着色形成色彩的呼应，并把视觉焦点引向两岸的景观。

图5-42　林荫道景观效果图（北京土人景观与建设规划设计研究院，2008）

整个画面没有明显的墨线勾勒，采用素描画法偏写实的风格，对植物以及光影的变化进行了细致的刻画，用较细腻的笔触将色彩进行多次叠加，将色调混合在一起来降低色彩的饱和度，从而产生更沉稳、柔和的视觉效果。

图5-43　林下景观效果图（北京土人景观与建设规划设计研究院，2008）

画面笔触细腻、色彩丰富，地平线以下草坪空间的色彩对比较强烈，笔触更细密；地平线以上乔木树冠部分的色彩相对弱化并与天空融为一体，这样的处理突出了空间的重点和秩序感。

图5-44　跌水景观效果图（宫晓滨）

工具为签字笔、彩色铅笔。线条由尺规法和徒手法结合绘制而成，画面颜色丰富而和谐、笔触轻松而富有变化，与环境融为一体。水体的留白处理突出了主题。

5.4.2.2 平面图

用彩色铅笔绘制平面图（图5-45）的大致步骤如下：

①通常先考虑全图光源的投射方向和景物的阴影区域，用深灰色或者黑色按统一方向进行排线，绘制出所有景物的光影。

②使用浅色对画面中距离地面较近的物体如草坪、铺装、水体等，用平涂和渐变的笔触技法进行第一遍铺色。铺色时，每个物体自身的笔触方向要保持统一，用力应柔和、均匀。

③对距离地面较远的物体如乔木、灌木、地被等植物及建筑小品进行第一遍铺色，笔触技法同样以平涂、渐变为主，注意乔灌木的色差应与草坪有明显区分，表达出层次感，并用较细的笔尖来细致处理每组元素的边界，使形态更加明确。

④使用每个元素相应的同类色或近似色在第一遍色彩基础上进行第二遍、第三遍叠色，加强物体的立体感和光感，必要时使用水溶退晕来丰富画面效果。

⑤调整整体画面，使各个元素的色彩更加调和统一，并用深色再次加重物体的暗部和阴影，将画面中的黑白对比关系进一步拉大。

参考作品详见图5-45。

5.4.2.3 立面图

使用彩色铅笔表现立面图的步骤和使用马克笔表现的步骤基本一致，通常都是先对前景进行铺色，奠定色彩基调，进而对前景的植物、建筑、水池等物体的细节和纹理进行重点刻画，加强色彩之间的明暗对比，用不同程度的叠色表现景物暗部的色彩层次和光影变化。最后对远景进行简单上色，远景一般选择偏冷的色调，也可做留白处理，进而拉开与前景空间的层次（图5-46至图5-48）。

图5-45　彩色铅笔表现的平面图（克利斯汀·坦恩·艾克，2014）

该平面图主要表现建筑外部环境，彩色铅笔色调清新统一、层次丰富，充分展现了彩铅的素雅风格。

图5-46 街边建筑的室内外空间关系立面图（James Richards，2014）

远景植物的弧线形态活跃了以直线为主的画面，色彩的留白处理使植物形成剪影效果，起到了衬托前景的作用。

5.4.2.4 鸟瞰图

用彩色铅笔表现鸟瞰图时，应按照从浅至深、从中心至四周的顺序来进行上色，也可以选择由中心向四周边界从有色逐渐过渡至黑白线稿的方式，来强化画面主题。鸟瞰图的场景一般较大，所以注意区分画面中的主次场景，拉开远近虚实关系。另外，适当在画面局部使用水溶退晕的技法，可使表现效果更加丰富、更具艺术性（图5-49至图5-52）。

图5-47　彩色铅笔表现立面图（引自《国际新景观》）

该图结构严谨、用笔细腻、笔调轻松、色彩沉稳统一，具有较强的写实风格。前景、后景色彩冷暖对比分明，塑造了很强的空间层次。

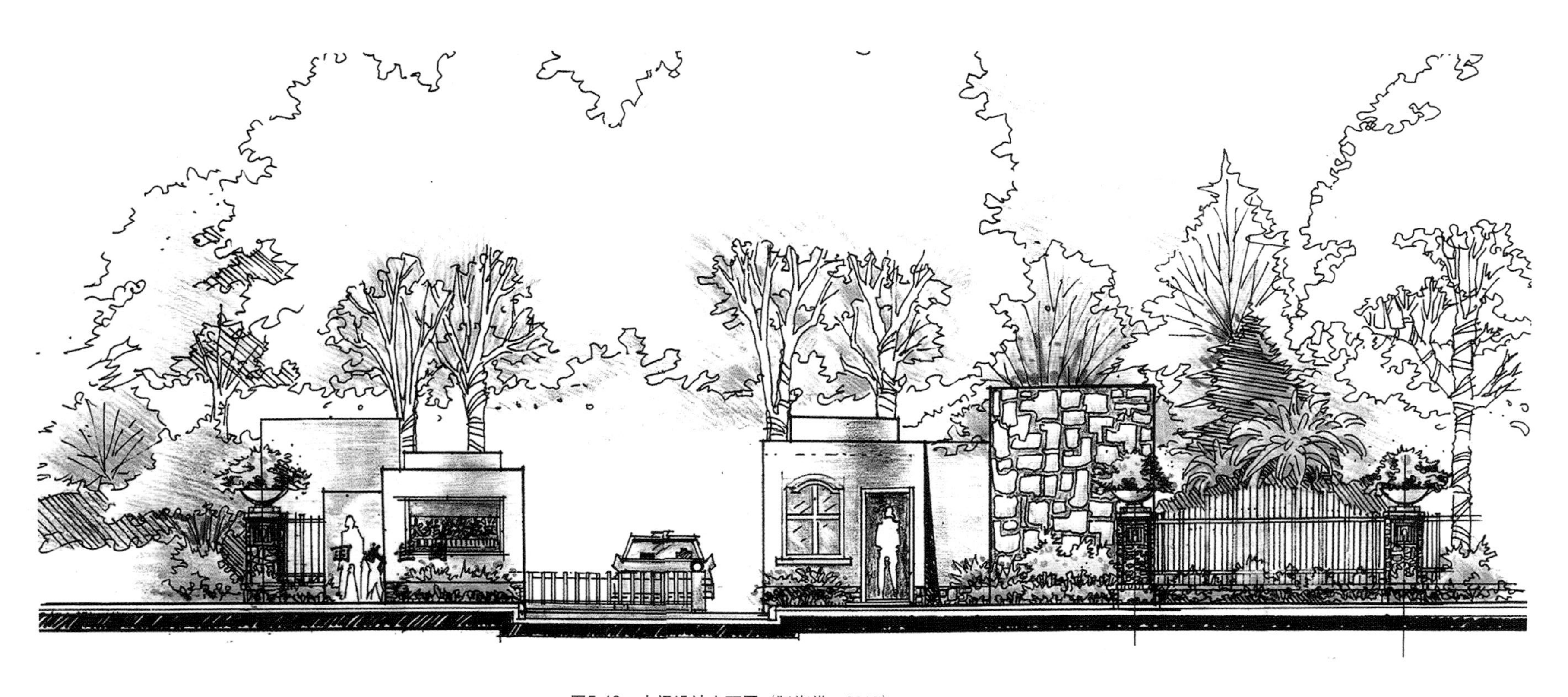

图5-48　大门设计立面图（阮海洪，2010）

图中冠幅较大的三棵乔木采取大面积留白的方式，衬托出人的主要视线范围内的大门设计以及周边的植物环境，突出了画面中心。

图5-49　居住区设计鸟瞰图（李蓉晖，2014）

本图为住宅区设计鸟瞰图，以素雅的绿色为主体色调，中心建筑区的线稿刻画细致、主次分明，色彩与植物形成对比，远景植物的放松处理不仅拉开了虚实关系，更使画面有悠远、广阔之感。

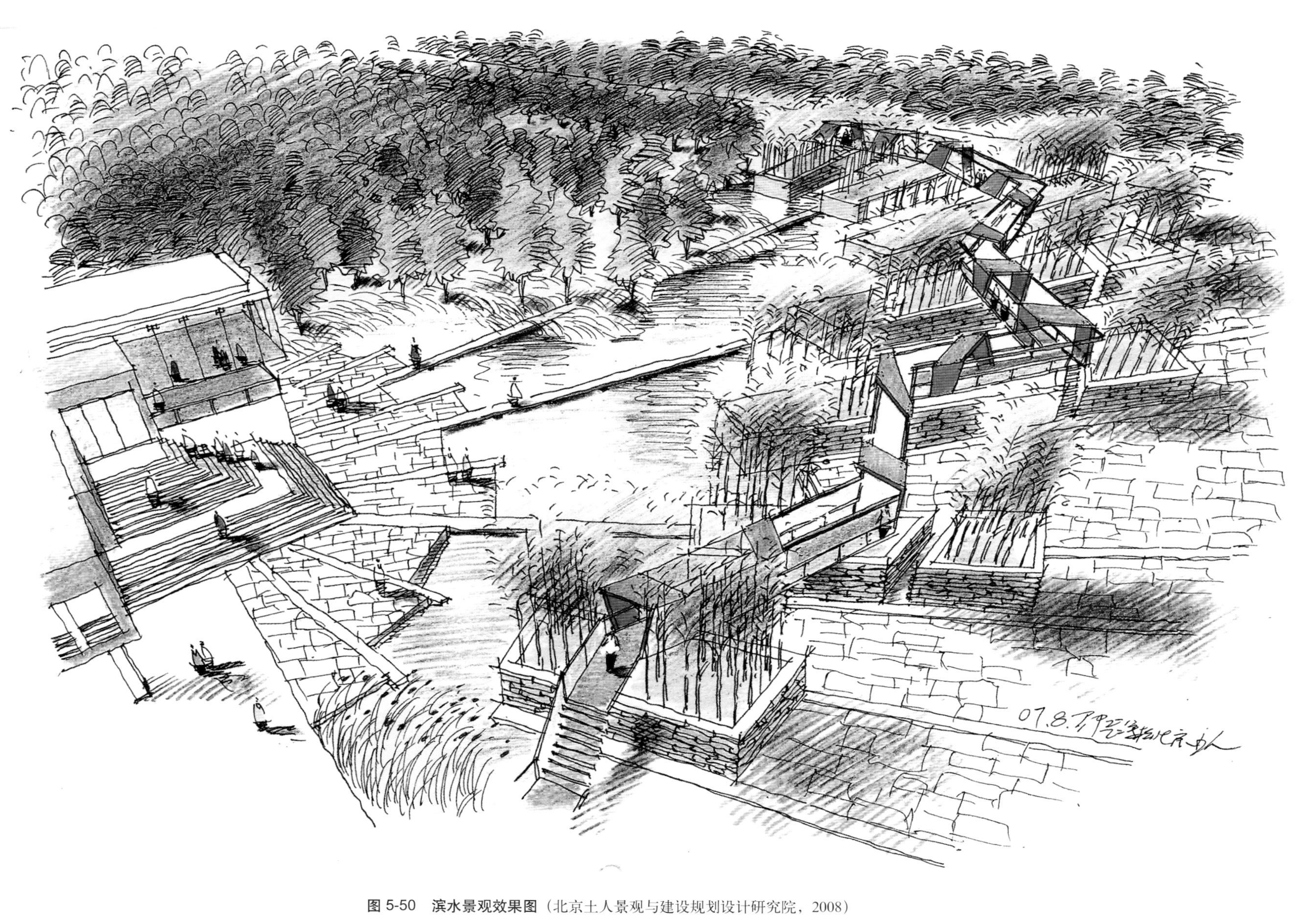

图 5-50　滨水景观效果图（北京土人景观与建设规划设计研究院，2008）

笔触概括简练，材质铺装采取大面积留白处理，将整个画面提亮。远景植物加重色彩的同时也在色相上形成对比，增强了近景和远景的对比关系，突出了层次感。

图5-51　园区局部鸟瞰图（宫晓滨）

此局部鸟瞰图画面透视严谨、构图别具一格。建筑、植物、池岸等元素的细节刻画细致入微，色彩统一中又具有丰富的变化。

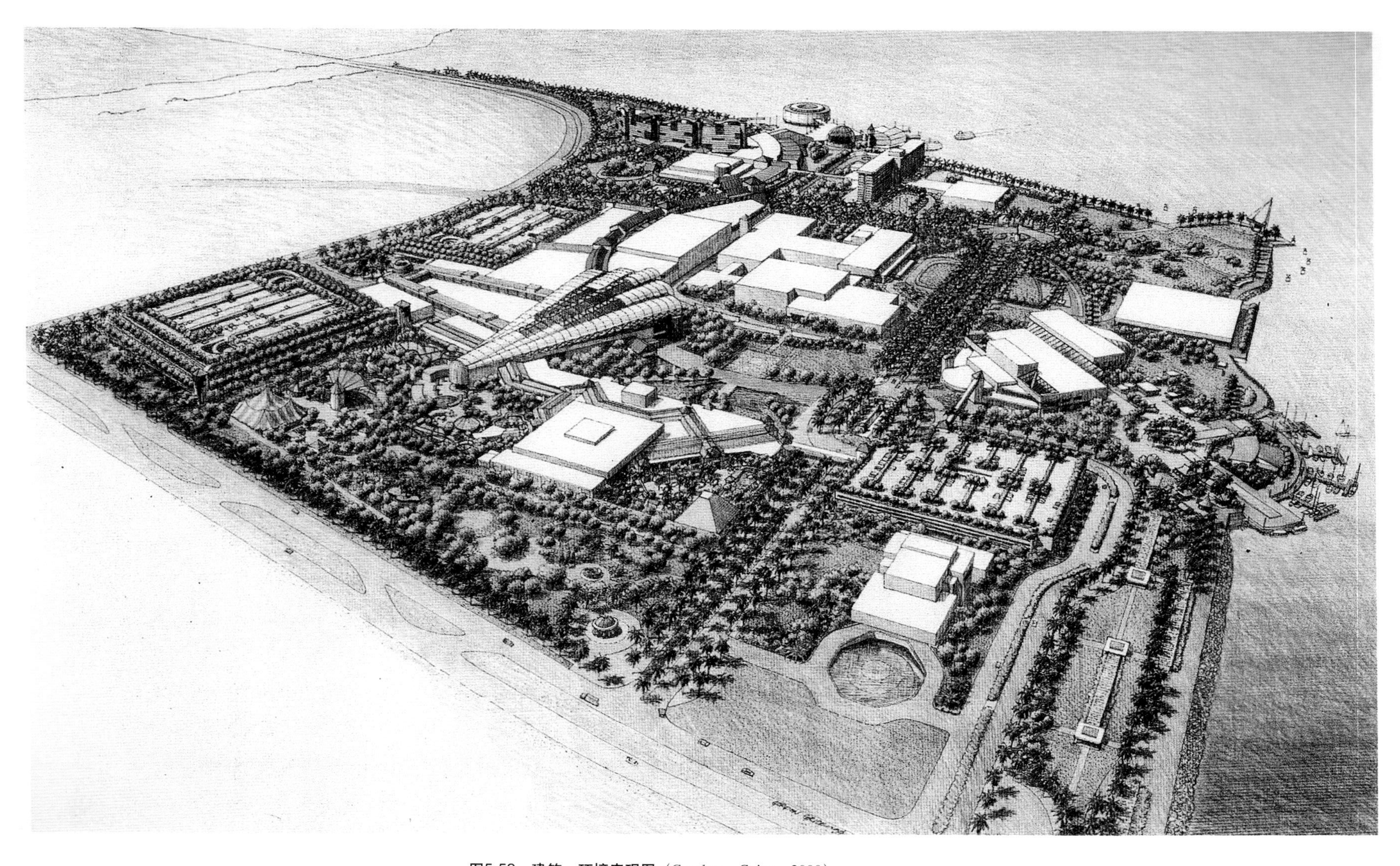

图5-52　建筑、环境表现图（Gordon. Grice，2000）

此图为滨水景观、建筑的鸟瞰图，建筑形态、植物群落、码头的刻画都细致入微，彩铅的笔触长短、疏密也随画面的布局而有相应的变化。

注意事项：

①彩色铅笔的特点之一是笔触需要具有较明显的线条感，体现出较强的纹理，故排线时笔触应放松自如，无需过于均匀以免造成腻。

②排线时笔触方向尽量保持大致统一的方向，避免同一个区域的线条交叉排90°角的方格网，应使用菱形交叉线或者有轻微角度的交叉线进行排列，使画面更加协调统一。

③由于彩色铅笔的色彩纯度较高，大面积单一上色会产生儿童画的效果，应较多使用叠色来混合色彩，可以避免画面过度艳丽，使色调更加丰富。

5.5 其他表现方式

在风景园林设计表现中，除了上述表现类型之外，还有一些其他的表现手法，例如水彩画表现、透明水色表现、喷绘、粉墨画等以及两种或多种工具组合使用进行综合表现的表现形式，本节将列举一些优秀作品以供训练鉴赏（图5-53至图5-64）。

图5-53　**广场俯视图**（蒂博，2012）

工具：马克笔、彩色铅笔、树脂水彩

图5-54 建筑效果图（R·拉德克，2012）

工具：马克笔、彩色铅笔（水粉颜料绘制在蓝线重氮印刷纸上）

图5-55　香柏小区商业街（中华国际出版集团有限公司，2003）

工具：彩色铅笔、水彩

图5-56 园林水彩画（宫晓滨）

工具：水彩

图5-57 建筑、环境表现图（Gordon Grice，2000）

工具：钢笔、色粉笔

图5-58　城市街道透视图（李蓉晖，2014）

工具：铅笔、水彩

图5-59 城市规划鸟瞰图（李蓉晖，2014）

工具：铅笔、水彩

图5-60　办公建筑表现图（1）

（格赖斯，1999）

工具：钢笔、喷枪、丙烯

图5-61　办公建筑表现图（2）（Nietz等，1991）

工具：铅笔

图5-62　张飞庙（华幼秋、华野，1992）

工具：铅笔、水彩

图5-63　景观表现图（格赖斯，1999）

工具：铅笔、水彩

图5-64　建筑、环境表现图（Gordon Grice，2000）

工具：蛋彩画颜料、水彩、喷笔

参考文献

白涛，崔莉. 手绘景观表现[M]. 天津：天津大学出版社，2009.

北京市园林局. 北京园林优秀设计集锦[M]. 北京：中国建筑工业出版社，1996.

北京土人景观与建筑规划设计研究院，绘. 土人景观手绘作品集[M]. 长沙：湖南美术出版社，2006.

北京土人景观与建筑规划设计研究院. 诗意的栖居——土人景观手绘作品集[M]. 北京：中国建筑工业出版社，2008.

格兰特·W·里德. 园林景观设计——从概念到形式[M]. 北京：中国建筑工业出版，2010.

佳图文化. 景观细部设计手册[M]. 武汉：华中科技大学出版社，2010.

《建筑画》编辑部. 中国建筑画选1991[M]. 北京：中国建筑工业出版社，1992.

李蓉晖. 李蓉晖景观手绘作品集[M]. 南京：江苏科学技术出版社，2014.

理查德·麦加里，格雷格·马德森. 马克笔的魅力——美国建筑效果图的绘制秘技[M]. 姚静，译. 上海: 上海人民美术出版社，2012.

刘志成. 风景园林快速设计与表现[M]. 北京：中国林业出版社，2012.

迈克·林. 美国建筑画[M]. 北京：中国建筑工业出版社，1990.

清华大学建筑学院. 颐和园[M]. 北京：中国建筑工业出版社，2000.

上林国际文化有限公司. EDSA（亚洲）景观手绘图典藏[M]. 北京：中国科学技术出版社，2005.

天津大学建筑系资料室. 现代建筑画选——美国钢笔建筑表现图[M]. 天津：天津科学技术出版社，1986.

田学哲，郭逊. 建筑初步[M]. 北京：中国建筑工业出版社，1999.

同济大学建筑系园林教研室. 公园规划与建筑图集[M]. 北京：中国建筑工业出版社，1986.

童鹤龄. 建筑渲染理论、技法、作品[M]. 北京：中国建筑工业出版社，1998.

王文全. 设计手绘教程——钢笔画表现技法[M]. 武汉：武汉理工大学出版社，2011.

王晓俊. 风景园林设计[M]. 南京：江苏科学技术出版社，2009.

王晓俊. 西方现代园林设计[M]. 南京：东南大学出版社，2000.

王志伟，等. 加利福尼亚旧金山某住宅区环境设计[M]. 天津：天津大学出版社，1991.

中国建筑技术出版社建筑图书出版中心. BAC贝尔高林景观作品集[M]. 北京：中国建筑技术出版社，2011.

中华人民共和国住房和城乡建设部.风景园林制图标准: J 1982—2015[S/OL]. 北京：中国建筑工业出版社，2015，1.

钟训正. 建筑画环境表现与技法[M]. 北京：中国建筑工业出版社，1985.

GOLDEN GRICE. 建筑表现艺术II[M]. 天津：天津大学出版社，1999.

JAMES RICHADS. 手绘与发现：设计师的城市速写和概念图指南[M]. 北京：电子工业出版社，2014.

R · S · 奥利弗. 写生画[M]. 北京：水利电力出版社，1986.